U0382198

特别鸣谢

本书获浙江师范大学学术著作出版基金资助

本书获浙江师范大学法政学院社会学学科经费资助

环境与社会丛书

生态脆弱区的绿色发展之路
——科尔沁河甸村案例研究

闫春华　著

中国社会科学出版社

图书在版编目（CIP）数据

生态脆弱区的绿色发展之路：科尔沁河甸村案例研究 / 闫春华著 . —北京：中国社会科学出版社，2022.6

（环境与社会丛书）

ISBN 978 - 7 - 5227 - 0074 - 8

Ⅰ.①生…　Ⅱ.①闫…　Ⅲ.①生态农业—农业模式—研究—内蒙古　Ⅳ.①S-0

中国版本图书馆 CIP 数据核字（2022）第 063104 号

出 版 人	赵剑英	
责任编辑	冯春凤	
责任校对	张爱华	
责任印制	张雪娇	

出　　版	中国社会科学出版社	
社　　址	北京鼓楼西大街甲 158 号	
邮　　编	100720	
网　　址	http://www.csspw.cn	
发 行 部	010 - 84083685	
门 市 部	010 - 84029450	
经　　销	新华书店及其他书店	

印　　刷	北京君升印刷有限公司	
装　　订	廊坊市广阳区广增装订厂	
版　　次	2022 年 6 月第 1 版	
印　　次	2022 年 6 月第 1 次印刷	

开　　本	710 × 1000　1/16	
印　　张	14.5	
插　　页	2	
字　　数	204 千字	
定　　价	89.00 元	

凡购买中国社会科学出版社图书，如有质量问题请与本社营销中心联系调换
电话:010 - 84083683

目　　录

序 ……………………………………………………………（1）

第一章　绪论 …………………………………………………（1）

　一　问题的提出 ……………………………………………（1）

　　（一）研究背景 …………………………………………（1）

　　（二）研究问题 …………………………………………（4）

　二　相关文献综述 …………………………………………（5）

　　（一）生态脆弱区的生态问题及成因 …………………（5）

　　（二）生态脆弱区的生态治理实践及其反思 …………（9）

　　（三）生态脆弱区生态—发展协调推进机制研究 ……（14）

　三　研究方法 ………………………………………………（19）

　　（一）案例的选取 ………………………………………（19）

　　（二）资料收集方法 ……………………………………（22）

　　（三）资料呈现逻辑 ……………………………………（25）

　四　篇章结构 ………………………………………………（27）

第二章　研究区域与案例村概况 ……………………………（33）

　一　科尔沁沙地 ……………………………………………（33）

　　（一）科尔沁沙地基本情况 ……………………………（34）

（二）生态恶化过程及成因 …………………………………（37）

（三）生态治理与绿色发展探索 …………………………（43）

二　沙地东南部的彰武县 ……………………………………（46）

（一）自然地理环境 …………………………………………（46）

（二）人口与民族构成 ………………………………………（48）

（三）生计模式与经济发展 …………………………………（52）

三　县域沙化"重地"河甸村 …………………………………（57）

第三章　村庄精英合作决策"留村护家" ………………………（66）

一　地情条件的再认识与再定位 ……………………………（66）

（一）分歧与争议："没有定论"的首次会议 ……………（67）

（二）消除分歧：明确生态条件基本达标 ………………（69）

二　早期生态治理实践的反思 ………………………………（74）

（一）"植树防沙"的经验 …………………………………（74）

（二）"消极怠工"的教训 …………………………………（78）

三　"上""下"压力下的精英合作 …………………………（83）

（一）满足"上级"期待 ……………………………………（83）

（二）实现"乡亲"愿望 ……………………………………（88）

四　核心精英间合作共识的达成 ……………………………（92）

第四章　联户探索"植树治沙" …………………………………（100）

一　常规化动员失效 …………………………………………（100）

（一）广播宣传失灵 …………………………………………（101）

（二）村民不配合的理由 …………………………………（103）

（三）村干部的反思 ………………………………………（106）

二　差序化动员奏效 …………………………………………（108）

（一）差序格局下的村干部动员策略 ……………………（108）

（二）村民的"社会理性"选择 ……………………………（112）

（三）联户造林小组的形成 …………………………………（116）

三　联户造林的探索 …………………………………………（118）

（一）联户造林的"艰难岁月" ……………………………（118）

（二）"进退两难"的处境 …………………………………（122）

（三）乡土适用技术的挖掘与运用 …………………………（125）

四　联户关系网络的建立 ……………………………………（132）

第五章　组织化推动"绿色发展" …………………………（137）

一　大面积与多功能树林的营造 ……………………………（139）

（一）有序推进退耕还林 ……………………………………（139）

（二）村庄综合性绿化整治 …………………………………（143）

（三）探索发展经济林 ………………………………………（146）

二　生计模式的生态转型 ……………………………………（148）

（一）改变原有种植模式 ……………………………………（148）

（二）发展"农牧结合"型舍饲养殖 ………………………（152）

（三）引导劳动力的非农化转移 ……………………………（160）

三　"林—农—牧"复合生态系统的构建 …………………（162）

（一）"林—农—牧"循环共生模式 ………………………（163）

（二）村庄"生态—经济"系统良性运行 …………………（165）

（三）村民"认知—观念—行为"正向强化 ………………（170）

四　生态利益共同体的形成 …………………………………（172）

第六章　结论与讨论 …………………………………………（177）

一　乡村绿色发展的根本之道 ………………………………（178）

（一）重建农业循环 …………………………………………（178）

（二）重建农业循环的内在机理 ……………………………（183）

二 乡村绿色发展的"梯次"推进路径 …………………………（188）

三 乡村绿色发展之路漫漫 ……………………………………（190）

参考文献 …………………………………………………………（193）

访谈提纲 …………………………………………………………（210）

后　记 …………………………………………………………（214）

序

　　闫春华告诉我她的博士论文经过修改即将出版，邀我作序。我作为她的指导教师，很高兴。我就谈谈这本书的一些相关情况。

　　闫春华是 2013 年 9 月入学的硕士生，两年后硕博连读继续随我读博。硕士入学之前的暑假，我建议他们去做些调查，走出去体验现实生活，增加社会阅历。闫春华当时以她的老家为调查点，写了一篇调查报告，触及了内蒙古地区的生产发展与环境保护议题。2015 年 7 月，一则关于科尔沁地区"植树治沙"的电视新闻吸引了我们。当年暑假，闫春华进村做了第一次调查。我们讨论后，感觉可以作为她博士论文研究点，探讨科尔沁地区的生态与发展议题。之后，闫春华查阅分析文献资料，拓展对科尔沁地区宏观背景的理解。2017 年暑假，闫春华第二次进村调查。跟老百姓"同吃、同住、同劳动"，参与当地人的活动，聆听当地人保护环境和发展产业的诸多故事。2018 年寒假，闫春华三进河甸村，进行补充调查，更新数据。与此同时，她还访问了涉及科尔沁地区的地市及旗县，访谈相关负责人，了解宏观背景。

　　生态与发展是我们团队多年来一直关注的一个重要话题。这个话题可以追溯到 1999 年我作为社会学咨询专家参加的亚洲开发银行"长江上游水土保持项目"前期准备工作。在近两个月的田野工作期间，我目睹了大量的生态破坏与贫困共生的困境，但也在云南访问了一个生态与发展共赢的案例。后来，我在太湖流域从事水污染的研究时，依然在探究环境与发展的关系。在 2007 年申报国家社科基金课题 "'人—水'和谐机制研究" 时，我设计了两种理想类型，即 "人水不谐" 与 "人水和谐"，在太湖流域开展系统的研究。在 21 世纪的前十年，"人水不谐" 的类型及其机制表现得相当充分。特别是当我们完成 "癌症村" 系列研究之后，关于 "人水（自然）不谐" 类型的社会机理，我认为我们团队对此类型的认识已经清楚了。然后，"人水（自然）和谐" 的类型并没有出现很多，其机理也不甚清楚，所以它成为我们团队后一阶段孜孜以求的目标。人与自然和谐共处（我们把它称为 EES 模式）既是国家、地方社会所向往的目标，也是我们学理上所追求解释的对象。一个个理想类型的案例研究，正是通向宏观理论建构的基础。那些年中，我在苦苦地关注、寻找这类案例，希望通过对多个理想类型案例的 "深描"，从一般层面上总结并讨论 "人与自然和谐" 的社会机理，助推中国现代化道路中环境与发展的相融之道。闫春华的博士论文就是一个典型的 "EES 模式" 的案例探索。论文以科尔沁草原沙化历程为背景，以河甸村的植树治沙和产业发展历程展开研究，在微观层面上描述了村庄从因土地严重沙化而考虑搬迁到走上生态、经济与社会良性运行的绿色发展道路的变化过程。她为我们提供了一个生态与发展相融的可行性以及地方实践中无限创造性的生动案例。

20 世纪 90 年代后期，科尔沁地区局部生态环境恶化，严重威胁当地人在本地的继续生存。就当时情况来看，在土地沙化即将淹没村庄的形势下，河甸村面临留下还是搬走的抉择。对此，村干部分析了留或走的利弊，讨论了留下来植树造林改善生态环境的可能性。通过对地情条件的再认识和再定位，通过对早期生态治理实践的反思，最后选择了留下来与沙漠抗衡。村干部在满足上级期待和实现乡亲愿望的双重结构性压力下，达成了留村护家的合作共识。村庄干部既是体制中人，更是乡里乡亲的村民。村干部依托血缘关系和亲缘关系组织动员村民，组成联户造林小组，通过植树造林保家护院（村）。

经过艰辛的努力，河甸村植树造林成功了，风沙也得到了有效的遏制。生态环境的改善，也为发展农牧业生产提供了基础性保障。目前，村庄土地面积的一半以上被森林所覆盖。3.8 万余亩树林挡住了流沙，改善了区域内湿度，调节了温差。由于森林的防护作用，湿地系统逐渐恢复，草场的沙化退化得到了有效遏制。生态系统的改善，不仅有效保护了村庄，也保护了农田，村民可以正常地开展农业生产。与此同时，河甸村利用土地资源相对丰富的优势，探索发展"高产饲料＋舍饲养殖"的新型农牧相结合产业，重新建立起了农业循环，保护了环境，实现了增产增收，村庄走上了生态效益、经济效益与社会效益"共赢"的绿色发展之路。

总之，河甸村的故事，很好了诠释了生态、经济与社会相互融合、相互促进的机制。虽然这只是一个村庄的故事，但其中所昭示的机理是相通的。此外，也只有一个个村庄的成功，才能实现科尔沁地区、甚至整个北方地区的绿色转型。我愿意向关心生态与发展议题的同行推荐此书。借此机会，也希望闫春华博士在社会学领域取得更好的研究成绩。

是为序。

陈阿江

2021 年 11 月于南京

第一章　绪论

一　问题的提出

（一）研究背景

我国是世界上生态脆弱区分布面积最大、脆弱生态类型最多、生态脆弱性表现最明显的国家之一。[①] 生态脆弱区大多处于农牧、农林、林牧等复合交错地带，空间上主要分布在北方干旱半干旱、南方丘陵、西南山地、青藏高原以及东部沿海五大地区，主要包括北方农牧、东北林草、西北荒漠绿洲、南方红壤丘陵山地、西南岩溶山地石漠化、西南山地农牧交错、青藏高原复合侵蚀以及沿海水陆交接带八大类型。因为是两种不同类型生态系统的交界过渡区域，生态脆弱区具有系统抗干扰能力弱、对全球气候变化敏感、时空波动性强、边缘效应显著和环境异质性高等典型特征。我国生态脆弱区是生态问题突出、经济发展落后、民众贫困的地区，生态与发展议题更是生态脆弱区面临的既普遍又重要的难题。

北方农牧交错生态脆弱区是一种重要的生态脆弱区类型。具体指北起大兴安岭西麓呼伦贝尔，经内蒙古东南、冀北、晋北，直到陕北、鄂尔多斯高原，是我国半湿润农区与干旱、半干旱牧区接壤的、

[①]　环境保护部：《全国生态脆弱区保护规划纲要》2008 年 9 月。

基本上沿着 400 毫米等降水量线及向外延伸的过渡地带。由于生态环境脆弱，加之过度放牧、滥垦滥伐等人为活动的过度干扰，致使农牧交错带生态退化，陷入"生态恶化—贫困加剧"的恶性循环。从传统到现代的漫长发展史中，农牧交错带的发展问题和生态问题一直都紧密交织在一起，可以说，农牧交错带的发展问题既是经济问题也是生态问题。

笔者对北方农牧交错生态脆弱区生态与发展议题的关注，主要源于理论思考和经验调查两个方面。理论上，笔者通过梳理文献发现，北方农牧交错生态脆弱区相关的研究成果比较丰富，学者大都从政治、经济、生态、社会等层面提出了相关的解决策略，具有一定价值，但总体而言缺乏针对性，更缺少对微观案例的深度剖析和理论提炼。从经验上，笔者近年来对家乡科尔沁地区的深度调查，以及跟随导师团队对陕甘宁晋等地区的实地考察，我们发现沿长城一线的农牧交错地带林草恢复较好，民众生计和生活状态也比预期的更好。这与我们已有的"生态恶化、民众贫困"等印象有比较大的差异。这促使笔者更想深入家乡实地剖析案例，研究科尔沁地区绿色发展何以可能的议题。

经验上的发现激发了笔者的研究欲望，宏观数据也验证了农牧交错带生态与生计持续改善的事实。如国家林业局 2015 年公布的第五次荒漠化和沙化监测结果显示，我国荒漠化和沙化状况呈现整体遏制、持续缩减、成效明显的良好态势。截至 2014 年底，全国荒漠化土地面积 261.16 万平方公里，沙化土地面积 172.12 万平方公里。[1]与第四次监测结果相比，荒漠化和沙化土地面积持续减少，荒漠化和沙化程度持续减轻。调查地科尔沁地区沙化土地减少了 206 平方公

---

[1] 国家林业局：《中国荒漠化和沙化状况公报》2015 年 12 月。

里，沙化土地平均植被覆盖率从 35.83% 增加到了 43.56% 。① 北方农牧交错生态脆弱区行政区域所涉及的蒙、辽、吉、冀、陕、甘、宁、晋八个省区节水农业和生态养殖业等生态产业发展状况较好，相关研究和新闻报道中均呈现了大量丰富信息。

事实上，为了解决农牧交错带普遍面临的生态与发展难题，国家与地方社会在恢复植被和发展生态产业两方面做了很多努力。一方面通过"植""禁""休"等方式恢复植被修复生态系统；另一方面发展农牧结合、林牧结合、林下经济、沙漠旅游等特色化生态产业。在国家层面上，为了恢复植被、发展生态产业，陆续出台了"三北"防护林、退耕还林（草）、京津冀风沙源治理、禁牧休牧、生态产业发展等政策，地方社会在将政策转化落地中，调和了正式组织与非正式组织、现代技术与本土技术之间关系，利用了乡土社会资源。不难看出，农牧交错带之所以能实现绿色发展，和政策、组织、技术、文化等因素密切相关。农牧交错带的发展问题是生态、经济与社会的综合性问题。

调查地科尔沁地区既是历史时期农牧矛盾突出地，也是新时代农牧结合探索地，经历了从"生态贫困"到"绿色发展"的巨大转型。20 世纪 90 年代以来，针对农牧矛盾长期累积形成的"生态恶化、民众贫困"问题，国家出台了一系列政策，在政策引领下，地方社会精英依托血缘、亲缘等关系组织村民植树造林恢复生态系统，利用农业技术集成，实践"高产饲料＋舍饲养殖"的新型农牧相结合模式，探索出一条兼具生态效益与经济效益的"绿色发展"之路，调和了生态与发展无法兼容的矛盾。本书以科尔沁草原沙化历程为宏观背景，以区域内一个村庄为研究案例，通过整理大量历史文献，深度访谈市（地）、县、镇农林牧相关部门负责人、村庄老年人、村干部、普通村

---

① 国家林业局：《中国荒漠化和沙化状况公报》2015 年 12 月。

民等多个主体,全面呈现科尔沁地区河甸村①绿色发展的动态演绎过程,探讨北方农牧交错生态脆弱区"绿色发展"何以可能的议题。从理论和现实两个层面来看,这一研究既重要又迫切。

(二) 研究问题

生态与发展议题一直是生态脆弱区面临的重要难题。整体上来看,我国生态脆弱区产业结构较为单一、产业升级空间和难度较大、生态承载力有限。一旦不能处理好生态与发展关系问题,结果会偏向一方甚至两败俱伤。实践中生态与发展之间冲突甚至负向影响的事例不在少数。例如,一些地方为了保护脆弱的生态环境,强制性生态移民,移民搬迁异地后不适应,引发了更严重的生态破坏、整体性贫困等新一轮难题。由此可见,对于生态脆弱区而言,依托生态助推发展,在发展中保护生态环境,实现生态与发展的融合十分重要。科尔沁河甸村"绿色发展"之路即为一个典型的案例探索。

本书试图在全面回顾科尔沁地区"生态贫困"历史的基础上,"深描"科尔沁一个村庄"绿色发展"的动态演绎过程,剖析"绿色发展"何以可能,探讨北方农牧交错带生态与经济融合发展的实践路径。研究遵循两条主线:一是国家在不同时期出台的相关政策、制度是如何落地实施并对当地生态、生计产生影响的;二是地方社会如何借力外部政策、制度,实现地方不同主体间互动博弈的。其间,特别关注"地方主体"(主要是村庄精英和民众)在"绿色发展"实践中的行动逻辑和互动过程,以及所产生的生态效益和经济效益。

围绕"科尔沁河甸村绿色发展何以可能"这一核心问题,具体分解为以下三个子问题:(1)绿色发展的"梯次"推进路径及其动态

---

① 依照学术规范,书中出现的村名、人名等都已经过技术处理。

演绎过程。河甸村的绿色发展是否遵循了一定"梯次"的推进路径？如果是，这一"梯次"路径的具体内容是什么、效果怎么样？地方社会是如何考量规划的？（2）恢复植被修复生态系统的社会动力机制。20世纪90年代以来，国家加大了对生态脆弱区的关注力度，有关生态与发展政策、制度的出台，大型工程的落地实施对当地产生了什么影响？在政策、制度之下，地方政治精英如何组织民众参与其中？现代科学技术、本土技术、血缘和亲缘关系等因素又是如何发挥作用的？（3）发展生态农业的社会逻辑。2000年以来，在生态环境持续改善的基础上，当地探索实践了"高产饲料＋舍饲养殖"新型农牧相结合的生态农业，当地发展生态农业的社会契机是什么？是否有相关政策的助推？地方政府起了何种作用？地方政治精英和经济精英参与其中的动力是什么？当地民众是否愿意行动？

二　相关文献综述

围绕生态脆弱区绿色发展何以可能的问题，本书从生态脆弱区发展中生态问题的成因、生态治理实践的反思，以及生态—发展协调推进三个方面对相关文献进行梳理。这恰好展现了作者的思考和写作逻辑：先描述科尔沁地区发展中普遍面临的生态问题及成因，宏观上掌握"生态贫困"的演绎逻辑，接着反思生态脆弱区生态治理的思路、实践及其运行逻辑，最后阐述生态脆弱区生态—发展协调推进的路径及其机制问题。

（一）生态脆弱区的生态问题及成因

学界针对生态脆弱区生态与发展议题开展了大量研究，产生了丰富的研究成果，形成了生态环境与经济发展紧密相关等诸多趋同的研究结论。正如世界环境委员会关于撒哈拉地区问题的归纳所言："没有其他任何一个地区更悲惨地承受着这种由贫困引致的生态环境退化的恶性循环痛苦，而生态环境退化又进一步导致了贫困"①。这一简短归纳既阐述了贫困——其实并非贫困本身，而是人口增长加剧的贫困——引发生态环境退化的趋势，同时也说明了生态环境退化如何导致贫困这一事实。宏观上，大多数发展中国家的贫困与生态关系或者生态环境退化问题基本遵循了这一发展逻辑。我国学者赵跃龙、刘燕华在划定我国脆弱生态环境分布范围的基础上，以 26 个省、区为研究区域，对脆弱的生态环境与贫困之间的关系问题进行了相关分析，认为脆弱的生态环境与贫困之间存在一定的相关性，特别是在我国工业比重小而农业和种植业比重高，经济落后、地形结构复杂、地理区位与交通条件都比较差的西部地区（内蒙古、陕西、宁夏、甘肃、青海等），脆弱生态环境与贫困之间高度正相关，二者几乎互为因果关系。②

宏观上形成的生态与发展紧密相关这一研究结论，在微观上也得到了更为细致的论述和剖析。我国著名社会学家费孝通先生在晚年陆续走访了内蒙古、甘肃、宁夏等西部地区，就生态与发展议题做出了很多精准的总结。1984 年，费孝通在内蒙古赤峰地区考察时重点关注了当地生态失衡与经济发展互为影响的问题。他以牧区、农区、半农半牧区三个类型为基础，关注当地农村发展问题，强调生态环境是影响农牧业发展的重要因素之一。首先，他大致描述了赤峰地区生态与发展互为纠缠的线索："蒙地放垦"以来，由于外来人口（农耕人口）移入，牧区人口增加、乱砍滥伐加剧，导致草地沙化退化、森林面积锐减等生态失衡问题；反之，生态失衡问题又引发并加剧了农牧矛盾。③ 他认为当地生态失衡主要源于以下"四滥"行为：滥砍、滥

---

① ［英］戴维·皮尔斯、杰瑞米·沃福德：《世界无末日——经济学·环境与可持续发展》，张世秋等译，中国财政经济出版社 1996 年版，第 313 页。
② 赵跃龙、刘燕华：《中国脆弱生态环境分布及其与贫困的关系》，《人文地理》1996年第 2 期。
③ 费孝通：《费孝通文集》（第九卷），群言出版社 1999 年版，第 496 页。

牧、滥垦和滥采。滥砍：由于工程建设和生活需要，森林的砍伐量远远大于其生长量。滥牧：在相对有限的空间范围内，草场的载畜量超过其合理范围内的承受能力，超载放牧现象十分严重。滥垦：移民（农耕人口）开荒耕种、广种薄收，陷入"越垦越穷、越穷越垦"的恶性循环。滥采：燃料短缺促使人们砍树刨根、乱挖乱采药材等。①

随后，费孝通在甘肃定西考察时也看到了植被破坏、水土严重流失等生态恶化是地区贫困显而易见的原因，而贫困又刺激了开发，导致严重的生态失衡问题。② 马戎、李鸥更是直接指出，我国北部和西北部许多贫困地区之所以贫困，非常重要的一个原因是当地的生态环境遭到了严重破坏，导致自然资源匮乏，当地经济发展陷入恶性循环；为了维持生计，人们加大开发力度，破坏性地利用匮乏的自然资源（砍树、挖草根做燃料，过度放牧），破坏了生态环境；而生态的进一步恶化（植被退化、降水量减少等），又导致减产和贫困。③

费孝通、马戎等人不仅依托微观案例阐明了生态与发展互为影响的问题，也从人口、人类行为活动、农牧系统等关键词触及了生态失衡的成因。北方农牧交错生态脆弱区的生态失衡问题，形式上看是人口增加所致，实质上是农牧系统之间的不协调造成的。具体来看，传统的游牧是在大空间范围内实现生态良性循环的，牧民会根据水草等资源的分布情况划分出春夏秋冬不同营地，通过频繁移动的"四季游牧"方式维持草原生态系统平衡。在游牧传统中，对整体性的把握和调和的原则，自然地孕育了一套"人—草—畜"关系的生态哲学，而这种生态哲学又在一定程度上促使人们维护与自然的平衡。④ 与游牧

---

① 费孝通：《费孝通文集》（第九卷），群言出版社 1999 年版，第 496—497 页。
② 费孝通：《费孝通文集》（第十卷），群言出版社 1999 年版，第 157—158 页。
③ 马戎、李鸥：《草原资源利用与牧区社会发展》，载潘乃谷、周星主编《多民族地区：资源、贫困与发展》，天津人民出版社 1995 年版，第 2 页。
④ 麻国庆：《草原环境与蒙古族的民间环境知识》，《内蒙古社会科学》（汉文版）2001 年第 1 期。

不同，农耕可以在村落甚至更小的空间范围内运转，其追求的是定居、稳定和封闭。在相对封闭的小空间范围内，农耕人口的增加意味着需要开垦更多的土地。但受制于生产力水平和科学技术的发展，同时缺乏在使用中加以保护的意识，农民开荒耕种主要是一种广种薄收的对土地的掠夺，势必会破坏生态系统的动态平衡。

正如麻国庆所言，在我国北方的草原地区，草原生态系统的平衡常常被民族、政治、军事、文化等因素打破。这也恰恰是农耕和游牧两个民族的冲突。① 闫天灵指出，内蒙古地区以畜牧业为主，传统的经济发展模式（生计模式）与生态环境实现了系统性的动态平衡。而随着汉族移民的大量迁入、汉族移民区的形成以及农耕制度的引入，对传统游牧生计模式、社会制度以及蒙古族地区的经济、文化、民族、生态环境等都会产生极其深刻的影响。② 陈阿江、王婧通过比较草原和农耕生态系统，指出大空间范围内实现生态系统平衡的草原游牧被"小农化"经营后，产生了严重的环境问题。③

除了关注农牧系统矛盾这一原因之外，有学者从更为全面、细致的角度论述了生态脆弱区生态问题的成因。王婧以内蒙古陈巴尔虎旗为研究地，描述了一个旗的生态和社会演变史。她指出，1949 年以前，传统牧区中地方性生态知识、游牧组织以及适应性政策制度下区域生态呈现的是"逐水草而居"的和谐状态；随着外来人口的移入以及农耕制度的引入，传统牧区农耕化形成，生态问题凸显；牧区市场化进程的加速推进，受经济理性支配的外来者破坏草原的行为强度越来越大，草原生态不堪重负；而国家视角下的草原生态治理实践又引发了新一轮的草原生态问题。她认为，农耕文化的冲击以及现代性的

① 麻国庆：《"公"的水与"私"的水：游牧和传统农耕蒙古族"水"的利用与地域社会》，《开放时代》2005 年第 1 期。
② 闫天灵：《汉族移民与近代内蒙古社会变迁研究》，民族出版社 2004 年版，第 1—3 页。
③ 陈阿江、王婧：《游牧的"小农化"及其环境后果》，《学海》2013 年第 1 期。

扩张是草原生态问题的主要原因，牧区正站在十字路口，面临如何抉择的难题。①

在已有研究中，多数学者关注到了生态脆弱区生态与发展之间的关系议题，从外来人口、农耕制度、农牧冲突等方面分析了发展中生态问题的成因，具有一定价值。但大部分研究呈现碎片化状态，缺少系统性理论成果的整合以及理论与实践相结合的整体性研究。本书以科尔沁地区为例，在充分借鉴已有研究成果的基础上，提炼出"生态贫困"这一概念，系统性地描述科尔沁地区生态与发展之间复杂的互动过程及其演绎逻辑。

（二）生态脆弱区的生态治理实践及其反思

20世纪70年代以来，为了治理北方农牧交错生态脆弱区的生态失衡问题，国家出台了一系列相关政策，实施了融资金、技术、人员等为一体的多项大型生态工程，总体上取得了成效，但仍没有摆脱局部"治理失灵"的弊端。针对工程治理中忽视的对政策制度的反思、对地方社会和文化的深度挖掘，以及对人的行为管制等问题，学界展开了批判与反思。

其一，反思了"国家的视角"下"一刀切"政策带来的诸多负面影响。斯科特指出，国家出于有效管理和控制的角度，对资源的管理倾向于采用标准化、清晰化和简单化的原则。由于外来专家知识体系与科学技术具有"一刀切"和标准化的特点，实践中忽视了治理地的历史传统、特殊的自然环境、社会秩序以及当地人真实的和活生生的社会需求，结果导致一些试图改善人类状态的大型项目遭遇了悲剧性的失败结果。以森林资源管理为例，国家看到的仅仅是森林的经济价值，而生态、生活等层面丰富性的意义与价值都被忽略了，正是国

---

① 王婧：《牧区的抉择——内蒙古一个旗的案例研究》，中国社会科学出版社2016年版。

家对自然的这种简单化归类倾向与过度追求经济价值的举措导致了新的生态问题以及治理失败的结果。对于国家大型项目失败的原因，斯科特更是一针见血地指出，国家视角下的治理工程和项目关注的只是社会生活中官方感兴趣的内容，而不是当地人的所思所想，是一种典型的实用主义倾向。①

由于过于重视国家主导和政策干预，实践中导致生态环境保护失效以及农牧民生计受损的事例不在少数。作为一个主要从事畜牧业为生的内陆国家，蒙古国历来都比较重视草原保护工作。为了有效地保护草原生态，蒙古国规划设定了 12 块自然保护区，不允许当地人在保护区内开展生计活动。但是因为忽视了游牧民族的生计模式特点，人为缩小游牧范围和半径后，造成了保护区外草场的超载放牧问题，原本想改善当地生态的治理项目反而造成了全国整体性的治理失灵弊端。② 类似情况在我国也普遍存在。王晓毅以内蒙古六个嘎查为研究点，考察了政策、制度、市场经济等因素影响下的草原生态环境与农牧民生存困境问题。指出尽管经历了草原相关体制演变以及政策干预，但是草原生态问题却仍然没有如期得到有效解决。相反，正是因为标准化、可操作化和统一化政策的干预，使得草原保护相关政策、制度无法适应多样化的现实情况，从而导致草原生态治理工作变得更加困难。③ 谢元媛认为，标准化、清晰化的草原生态治理体现了"规划现代化"的本质，生态后果不可预期。④ 张雯直接指出，政府主导

① ［美］斯科特：《国家的视角：那些试图改善人类状况的项目是如何失败的》，王晓毅译，社会科学文献出版社 2004 年版。

② Torigoe, Hiroyuki, "Toward an Environmental Paradigm with Priority of Social Life", *Environmental Awareness in Developing Countries*: *The Cases of China and Thailand*, *Institute of Developing Economies*, 1997.

③ 王晓毅：《环境压力下的草原社区——内蒙古六个嘎查村的调查》，社会科学文献出版社 2009 年版。

④ 谢元媛：《生态移民政策与地方政府实践——以敖鲁古雅鄂温克生态移民为例》，北京大学出版社 2010 年版。

的禁牧舍饲的生态治理政策并不符合基层农牧民生产生活的实际和对环境的理解，严重影响了农牧民的生计发展，受到了农牧民的普遍抱怨和抵抗。① 包智明、孟林林全面论述了移民搬迁对牧民生产生活方式造成的全方位影响以及潜在社会风险，从反思的视角重新思考了生态移民政策，强调生态治理政策的实质是调整人与生态环境的关系问题，而人与生态环境关系的重新调整，必然牵扯到民众的当前经济利益和长远的可持续发展问题，更涉及了民族生产生活方式的改变等一系列问题。② 笔者十分赞同以上观点，特别是对北方农牧交错生态脆弱区而言，生态与生计紧密交织在一起，任何脱离或忽视农牧民生计发展的生态治理政策，都无法实现生态环境保护的可持续目标。

其二，反思了生态治理困境的体制性弊端。荀丽丽、包智明以内蒙古 S 旗为研究点，探讨了生态移民政策如何在实践中被异化的过程和逻辑，作者指出，在政府（中央、地方）、市场和地方民众复杂的互动关系背后，形成了权力和利益网络。在自上而下的生态治理脉络中，地方政府居于重要的连接点上，集中了"代理型政权经营者"与"谋利型政权经营者"双重角色，促使地方生态环境保护和产业发展目标充满了不确定性。③ 冉冉认为，生态治理难以奏效的深层根源是"压力型体制"，在这种体制之下，地方政府行为发生了异化，影响了生态治理效果。关于"压力型体制—地方政府行为—生态治理效果"之间的逻辑关系，冉冉描述道，由于以中央政府指标和考核为核心的压力型政治激励模式存在制度性缺陷，导致地方政府将操纵统计数据

---

① 张雯：《环境保护语境下的草原生态治理——一项人类学的反思》，《中国农业大学学报》（社会科学版）2013 年第 1 期。

② 包智明、孟琳琳：《生态移民对牧民生产生活方式的影响——以内蒙古正蓝旗敖力克嘎查为例》，《西北民族研究》2005 年第 2 期。

③ 荀丽丽、包智明：《政府动员型环境政策及其地方实践——关于内蒙古 S 旗生态移民的社会学分析》，《中国社会科学》2007 年第 5 期。

作为地方生态治理的一个捷径，从而引发治理失败的后果。① 包智明、陈占江从"中央—地方"入手，探讨了生态治理失灵的逻辑。指出中央与地方之间的利益冲突和治理机制的内在缺陷，导致了政府主导型治理政策无法达到应有的理想效果。②

　　虽然学者们关注的是地方政府行为，但并没有将地方政府行为作为一个孤立事件，而是将其放在整个生态治理脉络中，探讨了更为宏大的、深层次的体制性问题。长期以来，我国生态治理工作主要依赖于自上而下的压力传导与层层加码的任务分解的方式贯彻执行，"政府管制型治理"是其典型特征。这种治理的制度逻辑是以中央政府权威为核心、地方政府的逐级任务分包和灵活变通为运行机制③，以"危机应对"和"政府直控"为核心特点。④ 由此看来，我们似乎已经不难理解深处体制内的地方政府，表现出的种种权变行为了。

　　其三，反思了生态治理困境的结构性缺陷。洪大用认为中国生态治理的早生性、外生性、形式性和脆弱性等特征是导致政府主导型治理失灵的重要原因。中国迄今为止的生态治理模式依然存在着内在的结构性缺陷，即治理主体的不完整。他指出，现有治理工作依然还是依靠政府推动，公众作为生态治理的重要主体没有得到重视，公众自觉参与意识不足，而且面临着诸多条件和机会的限制。⑤ 王芳指出在微观领域对政府作用进行补充和替代的制度形态，使社会力量参与生态治理是制度创新的根本出路。对此，她提出了优化政府环境管理方

----

① 冉冉：《"压力型体制"下的政治激励与地方环境治理》，《经济社会体制比较》2013 年第 3 期。
② 包智明、陈占江：《中国经验的环境之维：向度及其限度——对中国环境社会学研究的回顾与反思》，《社会学研究》2011 年第 6 期。
③ 周雪光：《权威体制与有效治理：当代中国国家治理的制度逻辑》，《开放时代》2011 年第 10 期。
④ 王树义、蔡文灿：《论我国环境治理的权力结构》，《法制与社会发展》2016 年第 3 期。
⑤ 洪大用：《试论改进中国环境治理的新方向》，《湖南社会科学》2008 年第 3 期。

式，扩展社会力量与社会环境权益，建构多重角色参与合作的生态治理体系。① 张劲松认为生态治理中要正确处理各主体间的角色问题，去政府治理中心化，进而形成政府主导、市场补充、全民参与的格局。② 陈秋红强调政府在生态治理中不应再是自上而下式的过度干预者，而是要充当"掌舵人"角色，进行权力"松绑"；还权于市场，放活农村环境市场"无形之手"；还权于社会，尤其是强化以农民群众为主体的社会"自治之手"③。不难看出，学者们强调政府需要纳入社会力量共同治理的观点属于互动治理理论范畴。互动治理理论意在强调构建国家、市场、民众之间相互独立又合作的互动治理结构④，通过相关利益方的有效沟通和互动来应对治理困境，区别传统的、层级型的国家权威治理形式⑤，实现"善治"目标。⑥

　　从已有研究来看，多数学者指出了政策型生态治理实践引发的诸多负面后果，反思了背后深层的体制、制度、结构性缺陷。这有助于笔者更深入地认识生态脆弱区"生态—生计"相互影响的历史及其逻辑问题。但总体来看，反思和批判比较多，在此基础上探讨生态脆弱区生态—生计整体性"走向"的研究比较少。本书以科尔沁地区为例，在全面把握地区"生态贫困"演绎历程及其社会根源的基础上，"深描"案例村是如何实现绿色发展的，试图将"前因"和"后路"放置在一个脉络中，以历时性的视角进行整体性考察。

　　① 王芳：《结构转向：环境治理中的制度困境与体制创新》，《广西民族大学学报》（哲学社会科学版）2009 年第 4 期。
　　② 张劲松：《去中心化：政府生态治理能力的现代化》，《甘肃社会科学》2016 年第 1 期。
　　③ 陈秋红、黄鑫：《农村环境管理中的政府角色——基于政策文本的分析》，《河海大学学报》（哲学社会科学版）2018 年第 1 期。
　　④ 谭九生：《从管制走向互动治理：我国生态治理模式的反思与重构》，《湘潭大学学报》（哲学社会科学版）2012 年第 5 期。
　　⑤ Jurian Edelenbos. Nienke van Schie, Lasse Gerrits. Organizing inter-faces between government institutions and interactive govemance. Policy Sciences, No. 3, 2010, pp. 43 – 74.
　　⑥ 俞可平：《治理与善治》，社会科学文献出版社 2009 年版，第 6 页。

（三）生态脆弱区生态—发展协调推进机制研究

生态脆弱区的乡村发展问题是生态、经济与社会的综合性问题，是一个系统的、整体的概念。面对发展中和治理中产生的生态环境问题，学界就如何实现生态环境与经济发展协调推进的机制问题展开了论述，日本学者鸟越皓之在参与琵琶湖水环境问题治理过程中提出了较具现实意义的"生活环境主义"理论。鸟越皓之把以往解决环境问题的范式分为"自然环境主义"和"现代技术主义"两类，"自然环境主义"以生态学为理论指导，以保护自然环境为最重要目标，而不考虑这种做法是否真正惠及当地人。"现代技术主义"则是指那些信赖现代科技修复能力的理论，该理论忽视当地人的本土经验和智慧，也不管这种以科学的名义治理的方式是否会对当地人的生活及生态系统造成新的问题。不同于上述两种理论，生活环境主义理论认为要关注民众的"生活"，尤其是要关注某一个村落或流域环境治理成功的组织因素和社会意识因素；只有在经济发展达到一定阶段后，民众对环境品质的追求才会出现。① 生活环境主义对生态脆弱区如何实现生态—发展协调推进问题很有借鉴价值。比如尊重、挖掘并激活"当地生活"中的智慧与生态脆弱区农牧交替发展历史以及积累的较为丰富的地域生态知识和智慧高度契合；强调特别关注某一个村落或流域生态环境治理的组织因素，从而把环境问题交还给当地居民来解决，这对于生态脆弱区如何发挥地方社会组织参与生态环境治理、实现可持续发展也颇具借鉴意义。

实践表明，在没有过多外部力量干涉的情况下，当地人也可以对地方资源进行合理的管控。如斯塔夫（Stave）通过对肯尼亚半沙漠地

① ［日］鸟越皓之：《环境社会学——站在生活者的角度思考》，宋金文译，中国环境科学出版社 2009 年版；［日］鸟越皓之：《日本的环境社会学与生活环境主义》，闫美芳译，《学海》2011 年第 3 期。

区图尔卡纳人（Turkana）的森林使用调查后发现，当地人对森林的认识、使用和管理等都有较为详细的知识。相比于外来的专家，当地人对森林物种的识别以及特性的把握都更为准确。当地人对森林物种的使用方式不仅没有破坏性，而且还能妥善地把多样性保护与生计模式相结合。① 奥斯特罗姆在《公共事务的治理之道》中也阐述了类似的观点。她指出，相比于外来主体、外来力量等的干预，社区规划、传统文化等更能适应地方社会多样化的现实情况，当地人依托"地方性知识"，更能妥善地解决他们自己的生态、生计和生活问题。②

可以看到，以社区为主体的治理和发展工作具备如下优势：一是社区精英起到重要的组织与引领作用，实践中，精英可以充当环境保护政策和知识的宣传者、生态治理方案的制订者与治理工作的组织者与监督者，以精英为组织领导核心、充分调动精英的引领作用十分重要。③ 二是作为资源"拥有者"和"使用者"的社区居民从现实生活中总结提炼的经验、智慧等地方性知识很有意义④；三是不仅注重地方性知识的挖掘，又十分关注特定空间上所形成的生态共同利益问题⑤；四是特有的社会资本是重要的社区资源。对此，考夫曼（Kaufman）强调，不仅要通过提高民众的环境意识以此来激励他们的参与热情，更重要的是需要设计出一整套集体利益激励机制以吸引社区成

---

① Stave, Jorn, et al. Traditional Ecological Knowledge of a Riverine Forest in Turkana, Implications for Research and Management, *Biodiversity and Conservation*, Vol. 16, No. 5, 2007, pp. 1471 – 1489.

② ［美］埃莉诺·奥斯特罗姆：《公共事物的治理之道——集体行动制度的演进》，余逊达等译，上海译文出版社 2012 年版。

③ 唐建兵：《乡村精英与乡村环境治理》，《河南社会科学》2015 年第 6 期；沈费伟、刘祖云：《精英培育、秩序重构与乡村复兴》，《人文杂志》2017 年第 3 期。

④ 博克斯认为，普通公民不擅长深入思考抽象的问题，但能经常从现实生活中总结提炼经验并建立体系，这非常重要。具体参见理查德·博克斯《公民治理：引领 21 世纪的美国社区》，孙柏瑛译，中国人民大学出版社 2005 年版，第 184 页。

⑤ Eein, S. and Myers H., Policy Reviews and Essays：Traditional Environmental Knowledge Impractice. *Society and Natural Resources*, Vol. 15, No. 5, 2002, pp. 345 – 358.

员的自我组织和自我发展。如果每个农户或村民都只关注自家的利益，那么社区组织的工作不仅没有可能，更是没有必要。①

　　相比于相对微观的研究，西方学术界在反思与批判中发展出了生态现代化理论（Ecological Modernization Theory），展现了现代化发展中生态环境保护的希望，对生态脆弱区生态—发展协调推进问题能给予一定的启示。生态现代化理论最初由德国学者约瑟夫·胡伯提出，而研究的集大成者是荷兰瓦赫宁根大学的亚瑟·莫尔。该理论不满足于末端治理等被动式的应对方案，认为没必要激烈的反对现代化，因为现代化也可以朝着有利于生态治理的方向进行制度调整和社会转型。莫尔及其团队将生态现代化理论归结为四个基本要点：一是现代科学技术在生态治理中发挥重要作用；二是私有的经济主体和市场机制在生态治理中扮演了越来越重要的角色，政府部门不再是"自上而下"的官僚体制，而是去中心化的、可协商的规则制定者；三是社会运动的地位、作用和意识形态发生改变，社会运动日益卷入公众与私人的生态改革的决策机制中；四是关注文化机制在生态治理过程中的重要作用。② 生态现代化理论与极端环境保护主义不同，它认为现代化和可持续发展可以兼容，经济发展与环境保护的二元悖论可以解决。

　　从理论层面来看，生态现代化对其他相关理论思潮或政策主张的产生与发展产生了直接的影响。比如，世界环境与发展委员会1987年发布的《我们共同的未来》（Our Common Future）就吸收了生态现代化的思想，同时，"可持续发展"也吸收了生态现代化的思想。从实践层面而言，作为强调采用预防和创新原则进而推动经济发展与环

---

　　① Kaufman，Bruce E. The Organization of Economic Activity：Insights from the Institutional theoky of John R Commons，*Journal of Economic Behavior & Organization*，Vol. 52，No. 8，2003，pp. 71 – 96.

　　② ［荷兰］亚瑟·莫尔、戴维·索南菲尔德：《世界范围的生态现代化——观点和关键争论》，张鲲译，商务印书馆2011年版，第17—60页。

境保护的互利共生的理论思潮，生态现代化理论对欧洲特别是西欧的现代化实践以及生态环境治理起到了一定的指导作用。但这一理论在包括中国在内的发展中国家的适用性仍需要进行检验，并开展更为深入的研究。整体而言，生态现代化理论还是个发展中的理论思潮，仍有很大的发展空间。

针对生态现代化理论，洪大用认为对待源自西方的理论必须保持清醒的头脑，作为一个转型中的发展中国家，中国需要用本土化的理论来指导实践①；并且直接提出了"绿色社会"概念，指出如果缺少全面深入持续的绿色社会建设，那么环境改善的效果也将不可持续。②陈阿江强调重视中国的现代化特征与生态知识，以此实现环境治理与社会发展的目标。③

不同于以上从一般性层面进行的论述，国内一批学者就生态脆弱区生态与发展如何协调推进的问题积累了一定的成果。杨庭硕指出，生态系统的复杂性需要生态保护办法的多样性，更需要充分挖掘和利用地方性知识。④尹绍亭认为"刀耕火种"是一笔宝贵的历史文化遗产。他通过实地调查发现，"刀耕火种"是当地民众适应自然环境而采取的一种较为合理的生产方式，在适度规则的约束下，进行着这里种植几年，然后换个地方种植的保护策略。它不仅涉及生产知识和技术，还涉及制度和精神文化，不仅是一个多层次文化适应系统，还是一个动态生态文化系统。⑤传统游牧生产方式与之类似，是蒙古族适应草原生态的一种生产方式。麻国庆认为，在蒙古族游牧传统中，对

---

① 洪大用：《当代中国社会转型与环境问题——一个初步的分析框架》，《东南学术》2000 年第 5 期。

② 洪大用、范叶超：《迈向绿色社会：当代中国环境治理实践与影响》，中国人民大学出版社 2020 年版。

③ 陈阿江：《论人水和谐》，《河海大学学报》（哲学社会科学版）2008 年第 4 期。

④ 杨庭硕：《论地方性知识的生态价值》，《吉首大学学报》（社会科学版）2004 年第 3 期。

⑤ 尹绍亭：《远去的山火——人类学视野中的刀耕火种》，云南人民出版社 2008 年版。

整体性的把握和调和的原则，自然地孕育了一套"人—畜—草"关系的生态哲学，而这种生态哲学又在一定程度上促使人们维护与自然的平衡。蒙古族的游牧技术传统、居住格局、轮牧的方式以及宗教价值与环境伦理等民间的与生态有关的知识，都直接或间接地对草原生态保护起到了积极作用[1]，牧民保持平稳的经济发展。包智明以牧民的流动性特征为重要视角，探讨了实现牧区城镇化与草原生态治理双赢的问题。[2]

就北方农牧交错生态脆弱区而言，学者们也探讨了生态环境与经济发展协调推进的路径和机制问题。如赵曦在系统分析中国西部贫困地区可持续发展面临困难的基础上，提出了创新扶贫制度、控制人口数量与提高人力资本投资水平、推进生态治理、强化社会服务等战略措施。[3] 义旭东[4]、高云虹[5]等从政策扶持、生态治理、社会保障等层面提出了西部地区可持续发展的对策。陈润羊基于西部地区的新农村建设问题，探讨了乡村建设中正确处理经济发展与环境保护关系的可行途径与模式，提出整体上以"环境优先"为目标，以农村城镇化、重点区域、关键产业、农村空间"四位一体"协同推进的发展模式。[6]

综上所述，关于生态脆弱区如何实现乡村绿色发展问题，学者们大都从政治、经济、生态、社会等宏观层面提出了相关的解决策略，

---

① 麻国庆：《草原环境与蒙古族的民间环境知识》，《内蒙古社会科学》（汉文版）2000 年第 1 期。

② 包智明：《牧区城镇化与草原生态治理》，《中国社会科学》2020 年第 3 期。

③ 赵曦：《中国西部贫困地区可持续发展研究》，《中国人口·资源与环境》2001 年第 1 期。

④ 义旭东、徐邓耀：《生态—经济重建：西部贫困山区可持续发展之路》，《青海社会科学》2002 年第 6 期。

⑤ 高云虹：《我国西部贫困农村可持续发展研究》，《经济问题探讨》2006 年第 12 期。

⑥ 陈润羊：《西部地区新农村建设中环境经济协同模式研究》，经济科学出版社 2018 年版。

具有一定的价值，但总体而言缺乏针对性。对此，本书从相对宏观与微观相结合的层面入手，以科尔沁沙地这一典型的生态脆弱区为例，探讨案例村如何植树治沙修复生态系统，发展生态农业实现生计转型，最终实现了生态与发展的协调推进。

三　研究方法

研究目标与研究方法密切相关，目标的确立直接影响方法的选取，而方法的精准运用又会反向促进目标的实现。本书主要采用定性研究方法。在田野调查中，根据不同的情景及资料内容与特点选取特定的资料收集方法；同时依靠"演绎—归纳"的路径进行研究资料的分析与理论提炼。

（一）案例的选取

本研究宏观上以科尔沁地区为研究区域，微观上以一个村庄为研究案例，个案的选取主要基于以下三点考量。

其一，重点关注区域内乡村绿色发展问题，力图呈现区域性特征而非全国情况。整体上来看，科尔沁地区因过度放牧和滥垦滥伐等行为，致使生态退化进而陷入"生态恶化—贫困加剧"的恶性循环，区域性特点十分明显。关于区域内如何改善生态环境，同时实现可持续发展的问题，也有一定相似之处。从宏观上来看，研究区域（辽蒙交界地带）的重要性以及区域内乡村绿色发展的迫切性促使政府陆续落地实施了多项政策和工程，对于区域内如何治理生态环境以及发展何种产业的趋势问题提供了明确的方向和思路，区域内生态与发展如何协调推进的一致性思路比较明显。从微观上来看，在国家的政策引领下，地方社会开启了漫长的绿色发展之路的探索。一方面，为了治理恶劣的生态环境保护赖以生存和发展的家园，他们恢复植被修复生态系统；另一方面，为了实现可持续发展改善民众贫困面貌，他们探索实践兼具生态效益和经济效益的特色化产业。从区域内若干个村庄的实际情况来看，植被一定程度上恢复了，生态环境普遍改善了，农牧结合后生态农业的稳定性更高了，老百姓生活水平也提高了，区域内生态与发展协调推进的迹象和特征越来越明显了。

其二，河甸村是科尔沁地区绿色发展取得成效最显著的典型村庄。案例的典型特征为研究达到对某一现象的认识提供了重要基础，而通过解剖麻雀式地对典型案例进行研究，更有利于深入、详细和全面地认识现象。[①] 具体来看，河甸村的典型特征主要表现在两个方面：

一方面是，长时段、持久性、特色化的生态与发展协调推进过程。20 世纪 90 年代末期，在科尔沁地区，特别是案例村所在的辽西北生态环境极其恶化的背景下，河甸村面临"留"或"走"的抉择难题。在政府的组织和政策引领之下，村庄核心精英集体决策商讨、组织动员村民，开启了长达 20 余年的治理生态环境工作，在这个过程中，不仅通过植树治沙改善了生态环境，也完成了生计模式的生态转型，实现了绿色发展，化解了生态环境与经济发展之间的矛盾，而这在整个区域也是比较少见的。

从官方 2015—2020 年的统计宣传以及笔者实地调查的辽宁阜新以及内蒙古通辽和赤峰等地 10 余个旗（县）的情况来看，大部分村庄仍然处于绿色发展的探索阶段。一些村庄植被有了一定恢复，但生态产业的发展并不理想，村庄整体上还比较贫困，而没有生态产业作支撑的话，环境治理的持续性堪忧；一些村庄短期来看环境改善了，产业发展了，民众富裕了，但问题是村民主要以种植业为主、"散放散养"的养殖业为辅，农牧系统之间的根本性矛盾仍然没有解决，在

---

① 王宁：《代表性还是典型性？个案的属性与个案研究方法的逻辑基础》，《社会学研究》2002 年第 5 期。

这种"发展的幻象"① 背后，隐藏着潜在的环境风险和社会风险。总体上来看，区域内大部分村庄没有实现生态与发展之间的协调推进。

另一方面是，在国家与社会的互动过程中，充分体现了政策、组织、技术、文化等因素在村庄绿色发展实践中的作用。由于研究区域的重要性特征，在科尔沁地区特别是辽西北生态环境恶化地带，国家层面给予了众多关注和支持，相关政策制度在科尔沁地区以及案例村的绿色发展实践中起到了重要的指导和引领作用。从内外因辩证关系来看，仅仅有外部力量是没有办法实现事物的根本性变化的，关键要驱动内因，激活动力和源泉。就河甸村而言，在积极利用外部政策制度等有利条件的基础上，关键在于充分挖掘了农村社会特有的内部资源与优势，发挥了组织、技术、文化等因素在绿色发展中的重要作用。

其三，信息的丰富性和过程的曲折性赋予了河甸村独特的研究价值。本书的主要研究目标是通过阐述河甸村绿色发展的演绎过程，探讨科尔沁地区这一典型的北方农牧交错生态脆弱区乡村生态与发展何以融合的路径和机制问题。而这也恰恰是选择河甸村作为研究案例的重要因素。对于生态环境十分脆弱的科尔沁地区而言，不论是从理论还是实践层面来看，研究绿色发展的议题十分重要和迫切。因此，通过"深描"一个经历复杂、道路曲折、信息丰富的案例村庄更能凸显研究的价值和特色。20 世纪 90 年代后期，面对科尔沁地区局部生态环境恶化的现实，地处辽西北生态恶化重点地带的河甸村面临"留"或"走"的选择，虽然经过多方利弊的权衡，村庄最后决定"留下来"，但整个过程十分艰辛，包含了诸多丰富的信息和曲折的故事。比如在选择是否"留下来"植树造林改善村庄环境问题上，村干部经历了分歧和争议后才达成"留村护家"的合作共识；在联户探索

① 许宝强、汪晖：《发展的幻象》，中央编译出版社 2003 年版。

"植树治沙"时，包含精英如何动员并组织村民开展工作，在植树造林遭遇困境后精英又如何"软硬兼施"式挽留村民继续植树造林等；在组织化推动"绿色发展"时，村庄精英如何动员村民、村民为何主动加入以及村庄如何最终探索出"生态—经济—社会"可持续发展道路；等等。可以说，村庄绿色发展的整个探索过程包含着丰富的信息和众多曲折的故事与片段，这也恰恰是区域内一些其他村庄所不具备的优势和特点。

（二）资料收集方法

从案例村的选择到试调查再到聚焦于研究主题的专题调查，笔者共先后5次（近半年时间）深入调查地开展田野调查工作，主要采用了文献、访谈、参与观察等方法收集资料。

文献法。对于学术研究而言，文献法既是一种古老的又是一种富有持久生命力的研究方法。人类认识的无限性与个体生命的有限认识这一矛盾，决定了研究者在做研究的过程中需要借助文献的力量。但面对浩如烟海的文献资料，考验研究者的不仅是阅读与领悟的能力，更需要研究者在特定的研究时段内快速瞄准主题并从中甄别、选取与主题密切相关的文献资料。就本研究而言，由于涉及的区域范围较大、研究问题较为复杂，为了全面而又深刻地理解研究区域与案例村的历史、地理、文化、生态变迁以及生态环境保护、产业发展等相关信息，笔者收集的文献资料主要有三大类：一是经典历史读物与案例所在县以及周边旗的史志资料，具体包括《蒙古秘史》《科尔沁文化丛书》《科尔沁历史与地理》《科尔沁》《彰武县县志》《科尔沁左翼后旗志》《库伦旗志》《阿鲁科尔沁旗志》《翁牛特旗志》《敖汉旗志》等。二是案例村所在县以及镇相关部门资料。实地调查期间，笔者多次前往坐落在村庄邻近镇的国家级造林固沙研究所、县林业局、农业局、水利局以及镇内的林业、农业、水利等部门，从中获取了丰富的信息。如固沙研究所提供的地区近 30 余年（1983—2017 年）日降水量、年蒸发量等气象数据，县林业局提供的近 70 余年（1950—2015 年）县域内植树造林情况，以及植树造林后温度、湿度、风速、土壤侵蚀模数等变化数据以及镇提供的历史、地理、文化等相关记载。三是统计资料与年鉴。如《科尔沁沙地荒漠化发生与治理研究》《彰武县沙地造林立地条件研究资料汇编》以及彰武县相关统计数据和报表等。丰富的文献资料为笔者整体性认识研究区域夯实了基础，也为本研究的论述提供了重要支撑。

访谈法。本研究第一手资料的主要获取方法为访谈法。对于笔者而言，田野调查现场的进入与整个访谈过程都较为顺畅，这主要源于以下三个因素：一是研究的正面性特点。得知笔者"想了解村庄生态环境改善以及后续产业发展"等调查目的后，县、镇相关部门、村干部与村民都十分欢迎，并希望笔者把村庄从"古"到"今"都说明白，帮助村庄"出名"。二是"家乡研究"与"本地人"身份优势。初入调查地，笔者的一句"我是（科尔沁左翼）中旗人"的自我介绍就无形间拉近了与被访者的心理距离。在后续的调查中，他们不仅给予笔者生活方面的关心与照顾，也愿意敞开心扉提供信息。而对于笔者所提出的某些"愚蠢问题或生活常识"，他们更是毫无顾忌地批评和指责。对此，笔者深感荣幸并享受其中。三是类似的生活经历与相同的语言。笔者出生和生活的家乡与研究点的距离很近，笔者与当地人几乎拥有着相同的生活经历、风俗习惯和语言，被访者所讲述的一些故事犹如笔者亲身经历一样，这为我们之间的交流、沟通和争论都提供了重要基础。"家乡研究"为研究者提供了诸多优势，但也存在着风险。这可能表现在研究者自以为"什么都知道"便对一些事情不再追问，从而让表面现象"蒙蔽了眼睛"，错过了真正的事实和真相。对此，笔者也进行了一番思想斗争并最终克服了心理障碍，对自己所知或不知的所有信息都详细询问了一遍。比如，访谈前，笔者针对不同群体和内容列出了详细的访谈提纲，访谈中，笔者甘当一个"小白"，不管熟悉的还是不熟悉的问题，都反复追问和确认。从效果上来看，笔者获取了大量丰富的第一手资料。实地调查中的主要访谈对象涉及村内老年人、村干部、普通户、贫困户、镇县市相关部门主要负责人以及周边村庄村民等。主要访谈内容有：村庄所在地区生态变迁历程，村庄植树治沙过程，植树治沙中不同阶段的主要特征，影响因素以及村庄精英、村民等不同主体的行为表现，生计模式转型与生态产业发展相关信息，村民认知、观念、行为等变化情况以及村内村民、外村村民等对村庄生态环境变化、生态产业发展后的感受和评价，等等。

参与观察法。观察是实践的一部分，考验的是研究者的"眼下"功夫。看似无关紧要的观察，却能加深研究者对研究主题的认识和理解。实地调查中，为了全面感受当地人的生活状态以及他们与生态、发展之间复杂而又微妙的关系，笔者除了调查初期住在距离村庄6公里的镇上小旅店外，后续调查过程中都住在村民家里，与他们"同吃""同住"，观察他们日常劳动，并尽可能争取参与到他们的一些劳动场景中去。在长时段的、直接的、频繁的接触后，笔者与村民建立了比较牢固的信任关系。这使笔者"有机会观察到更多丰富的社会现象，能够以一种深思熟虑的、周详计划的、主动的方式进行观察"①。在村里的很长一段时间内，笔者都是白天出门访谈，晚上到老乡家里"串门"，与他们一起"闲聊"很多话题。看似轻松氛围下的"串门"行为却让笔者有机会了解到一些家庭的具体生活场景。透过村民生活场景洞察到了村庄的人际关系特点以及人们之间的相处模式，比如，村内有相互求助而村民考虑是否帮忙时（"收—藏"青贮互助劳动是一个典型场景），他们并不是一个完全的"理性人"，而

---

① ［美］艾尔·巴比：《社会研究方法》（第十一版），邱泽奇译，华夏出版社2009年版。

是一个既会充分考虑经济因素又会给足对方面子的"社会人"。村民的这一综合理性与情感的行为选择加深了笔者对村庄精英如何成功动员村民植树治沙、如何发展生态产业（舍饲养殖）以及村民如何权衡利弊后选择加入这一过程的理解。笔者还参与了村内树林围网保护活动。在围网活动中听到了老年人对年轻人讲述树林对他们生存、生活的重要意义等话语，感受到了村内护林员对树林的管护程度。当地人在这些特定场景与活动中无意间流露出的话语和观念具有重要的研究价值。此外，笔者还跟随镇农林部门相关人员一同乘车"游览"了与案例村交界的邻近几个村庄。发现邻近个别村庄林草植被的恢复不是很好，农牧（种养）的结合不紧密，舍饲养殖产业发展也不好，村民生活水平不高，这与案例村形成了鲜明对比，也让笔者更加确信案例村的独特和村民在长达20余年中改善生态环境并实现绿色发展的这份坚持。

（三）资料呈现逻辑

有关研究资料的分析方法问题，笔者进行了如下两方面的考量。

一方面，借鉴扎根理论方法总结提炼而非"生搬硬套"已有的成熟理论。对于如何以更好的理论视角呈现经验材料这一问题，笔者最终选择从经验材料中总结、提炼而非盲目套用已有理论。在确定选题之初，笔者试图借助社会学以及环境社会学的经典理论来解释经验材料。比如，环境社会学中的"生态现代化理论""生活环境主义"看似都比较契合。但在后续写作过程中，发现套用任何一个理论都不能完全匹配个案情况。如果坚持套用，不仅会掩盖掉个案的一些特色，也会让笔者丧失创造性思考的能力和动力。因为无法做到对个案中一些特色信息的割舍，笔者选择"悬置"了所有理论预设，以一个"无知者"的身份向当地人请教，尽可能全面地了解研究点，收集大量第一手材料。而当笔者多次深入实地调查并整理出所有经验材料后，发现村庄绿色发展之路是一个十分复杂的过程。对于当地人而言，他们不仅渴望改善生态环境，夯实生存基础，更希望在生态环境改善的基础上发展产业，实现生态、生产、生活"三生统一"的绿色发展目标。有基于此，详细分析并深度探讨村庄为基础的特色化绿色发展实践的社会逻辑尤为必要。通过对经验材料的分类、总结、提炼，发现政策、组织、技术、文化等因素在村庄绿色发展实践中起了重要作用。案例村绿色发展之所以取得成效，是积极利用外部政策与充分挖掘乡土社会资源的结果，而地方社会力量尤为突出，当地人主体性特征凸显。

"明线"与"暗线"相结合的经验材料呈现逻辑。为了合理地组织材料并有逻辑地加以呈现，笔者在实地调查的基础上发挥社会学想象力，将微观、个体层面的社会事实与宏观、社会层面的社会背景联系起来①，最终选择以"案例村绿色发展实践的演绎过程为主"和"相关政策变化为辅"两条线并行的方式进行叙述。具体来看，在村庄精英的引领下，案例村绿色发展之路主要分为精英合作决策"留村护家"、联户探索"植树治沙"和组织化推动"绿色发展"三个阶段，整个实践反映了主体如何扩展、生态与发展内容如何不断丰富等诸多层面的鲜活动态。村庄绿色发展实践从开始到运行再到走向成熟的整个过程，蕴含着政策的变化，以及理性与情感、关系和人情、科学技术与乡土技术何以调和运用等诸多丰富信息。这不仅有利于在事件发展的整个脉络中还原社会事实，也可以从"过程—事件"链中探寻生态脆弱区绿色发展实践的社会逻辑。立足于个案的视角向外看，河甸村的绿色发展实践并非一个与世隔绝的特殊事件，而是一直在国家稳定的制度体系和相关政策等宏观背景下发生和发展的。我们不仅

---

① ［美］米尔斯：《社会学的想象力》（第二版），陈强、张永强译，生活·读书·新知三联书店 2005 年版。

可以从剖析微观案例中反观到国家相关政策变化的影子，也能在宏观政策变化中理解微观个案的整体变化情况。比如，"留"或"走"的道路抉择是案例村绿色发展实践开始的重要契机，退耕还林、发展生态产业、精准扶贫、美丽乡村建设、乡村振兴等政策是加速案例村绿色发展的重要力量。在宏观政策的变化框架内，案例村突破了生态维度的贫困恶性循环，治理了生态环境，发展了生态产业，重建了生态—经济系统的良性循环。不难看出，"微观实践"与"宏观政策"两条线相互融合、相辅相成。

四 篇章结构

合理的篇章结构与布局对拥有庞杂经验材料的质性研究至关重要，这不仅能够有条理地叙述研究问题，也能在叙述过程中进行深度分析，表达作者的学术观点和现实关怀。本研究借鉴孙立平实践社会学思想，采用"过程—事件"策略深入探讨科尔沁地区河甸村绿色发展实践的社会逻辑。总体来看，案例村经历了精英合作决策"留村护家"、联户探索"植树治沙"和组织化推动"绿色发展"三个阶段，形成了区域性特点明显的绿色发展模式，重建了农业循环。在整个过程中，政策、组织、技术、文化等因素发挥了重要作用。相比于外部政策，地方主体和乡土社会资源的挖掘运用尤为突出。

从历时性视角来看，科尔沁地区这一典型的北方农牧交错生态脆弱区的生态与发展经历了漫长而又曲折的变化。地区农业发展中生态问题的产生，具有区域性特色非常明显的社会根源。因此，详细追溯科尔沁地区的发展历史，厘清生态问题产生的特定原因，阐释科尔沁地区生态与发展之间的关系，可以为探索北方农牧交错生态脆弱区乡村绿色发展的议题夯实基础。从内容上看，第二章主要从区域历史的角度宏观上追溯了科尔沁地区生态问题产生的社会根源。具体按照区域—县域—村庄从大到小的顺序依次呈现研究区域和案例村生态与发展情况，从"外来人口—农牧矛盾—生态贫困"的逻辑揭示科尔沁地区生态与发展之间相互促退的过程机制。在此基础上，第三、四、五章从相对微观层面阐述了案例村治理生态环境同时发展生态产业的整个过程。具体从"政策—组织行动—成效分析"的思路依次阐述了在国家政策制度变化的框架下，地方社会如何反应和响应政策，如何组织民众行动以及取得了怎样的成效。通过宏观与微观的结合，试图从区域的角度总结科尔沁地区乡村绿色发展实践的"梯次"推进路径，提炼其社会逻辑。

第一章绪论，首先介绍了研究背景和研究问题，从揭示生态脆弱区普遍面临的生态与发展难题入手，提出本书研究问题，即北方农牧交错生态脆弱区乡村绿色发展何以可能；随后围绕生态脆弱区发展中的生态问题及成因、生态治理实践及其反思，以及生态—发展协调推进机制三个方面梳理文献，夯实研究基础；最后交代了笔者实地调查情况、资料收集方法、资料呈现逻辑。

第二章追溯了区—县—村的历史际遇。第一节在介绍科尔沁辖区情况的基础上，详细阐述了"大量外来农耕人口移入牧区—过度放牧和滥垦滥伐行为—生态失衡—产业发展动力不足—民众普遍贫困—开发行为加剧……"等地区生态与发展之间动态的相互影响过程，提炼"生态贫困"概念，厘清了科尔沁地区生态问题产生的社会根源。提出调和农牧系统矛盾，治理生态环境和发展生态产业的重要性和必要性，为理解农牧交错带的乡村绿色发展问题提供区域性的历史社会背景。第二节介绍了县域基本情况，从历时性视角回顾了彰武地区的人口与民族构成、生计模式与经济发展情况，分析了彰武地区从历史上水草丰美的"养息牧场"到20世纪90年代中后期"沙丘连片"农区的演绎过程，突出了科尔沁沙地东南部——辽蒙交界带（辽西北）——生态恶化的严重程度，以及当地人"如果不改善生态环境，就只能搬走"的道路抉择难题。第三节重点描述了县域沙化"重地"河甸村的生态恶化情况，以及生态恶化对村民生产（种植业、养殖业）、生活等方面造成的结构性负面影响。在"留"或"走"之间，河甸村必须做出选择，并为之努力行动。

作为典型的北方农牧交错生态脆弱区，科尔沁地区生态环境十分脆弱。传统游牧时期，在没有人为因素过度干预时，生态系统内部可以进行有效的能量转换和物质循环，实现系统的动态性平衡。但受到"蒙地放垦""移民实边"等政策影响，大量外来移民移入，农耕制度形成，农耕文化严重冲击了传统游牧，农牧系统之间出现不协调，引发了生态系统和社会系统之间的巨大冲突。从社会根源上看，生态问题的成因是清楚的，关键在于如何处理农牧系统之间的不协调关系，找到绿色发展的突破口。特别是在当地生态环境还没有恶化到人类无法生存和发展的地步时，生态移民绝非政府本意，而是倒逼地方社会积极行动的一种策略而已。但需要明确的是，当地已经很难恢复到原有的森林草原生态系统，只能退而求其次，依托一些人为措施和技术手段恢复林草植被，发展新型农牧相结合的生态产业，实现沙地农业生态系统的新平衡。

第三章村庄精英合作决策"留村护家"阶段。第一节从再认识和再定位地情条件入手，围绕"当地能不能栽活树"这一问题，描述了村干部开始讨论、产生分歧、消除分歧的多个动态场景，以及最终达成"当地生态条件基本达标"的共识。村干部从生态条件上明确了植树造林是可行的方向。第二节描述了村干部全面反思当地早期生态治理工作的情况。一方面，村干部总结了就如何根据实际情况设计林带宽度、根据害风设计林带方向，实现林带与耕地间有效适应等方面经验，这为后续工作的开展夯实了实践基础和工作信心；另一方面，村干部认识到"磨洋工""消极散漫"等劳动状态严重阻碍了植树防沙工作的开展和成效，这既是教训，也要在后续工作中避免。第三、四节阐述了村庄核心村干部为何合作以及最终达成合作共识的结构性原因。

不难看出，生态环境不仅是地方经济发展的重要依托更是人们生存的首要基础。北方农牧交错生态脆弱区生态环境的恶化直接影响着当地人及其后代能否在本地继续生存下去。所以案例村在面临"留"或"走"的压力时，必须做出选择并开展相关行动。从内容上看，村干部集中讨论了两个问题，即"留下来"植树造林的成功概率以及"留下来"以后能否合作。第一个问题关乎村庄的道路抉择，第二个问题关乎村庄和村民的生存与发展状况。村庄道路和方向的选择不是小事，一旦做出误判，后果不堪设想。但值得肯定的是，村干部主要认识的形成直接植根于与他们紧密相关的生产生活实践，依托的是丰富的"地方性知识"，这从根本上避免了潜在的社会风险。村庄精英合作代表的不仅仅是个体间的互动，更蕴含着丰富而又复杂的意涵，影响深远。表面上看，上级政府压力是促使案例村精英合作的直接原因，理论上看似可以用"压力—行动"衡量的村干部合作事件，其实并非如此简单。我们看到，除了压力外，农村社会中人与人之间相互熟悉的关系、情感等也影响了村干部的合作。

第四章联户探索"植树治沙"阶段。第一节从常规化动员为起点，描述了村干部广播宣传动员村民"植树治沙"无法奏效的结果、农民不配合的理由以及村干部的反思情况。说明农村社会中完全按照程式化的模式开展工作是行不通的，村干部企图通过广播动员以及情绪情感来"煽动"村民的定位方向从起点上就有偏差，导致工作陷入"没有退路又无法前进"的僵局。第二节分析了村干部转换常规化策略，依托血缘关系和亲缘关系组织动员村民，村民综合考量经济效益与情感因素后的"社会理性选择"结果，以及联户造林小组形成过程。突出了关系、情感等乡土社会资源在动员工作中发挥的成效。第三节探讨了在国家相关政策指引下，联户造林小组如何借力政策优势，解决资金、树种、栽种、浇水等难题，突破天灾后"进退两难"处境，挖掘运用乡土适用技术植树造林的实践过程。第四节阐述了联户关系网络的建立情况。

第五章组织化推动"绿色发展"阶段。第一节整体上呈现了在国家相关政策的影响下，案例村大面积恢复植被改善生态环境、转变生计模式发展生态产业的实践过程。相比于前两个阶段，"绿色发展"波及的人员范围更广（实现了从"村干部"到"少数联户家庭"再向"村内大多数家庭"的扩展），生态与生计的结合更紧密，两者相互促进的效果尤为突出（完成了从单纯的"植树治沙改善生态环境"向"改善生态环境＋发展生态产业"的突破）。第二节描述了国家退耕还林政策实施以来，案例村的实践情况、村民的参与程度，以及地方社会根据地情条件，探索发展经济林的转向与成效。不论从国家层面还是地方社会视角看，都不再单纯营造生态林，而是探索发展兼具生态效益和经济效益"共赢"的经济林。第三节案例村依托生态条件实现了生计模式的生态转型。一方面，通过改变原有种植模式和发展新型农牧相结合的舍饲养殖，实现农牧系统之间的有机融合，调和了长期以来存在的农牧系统之间的不协调关系；另一方面，通过引导劳动力的非农化转移，减少人口对当地环境和资源的综合攫取力度，降低人口的环境压力，缓解了人地关系矛盾。第四节从复合生态系统的角度阐述了"林为基础＋农牧结合为根本"的绿色发展实践取得的综合成效。第五节阐述了村庄为单位生态利益共同体的形成情况。如果说前两个阶段中，政策起到的更多的是引领作用的话（村庄想办法从政策中借力），那么这一阶段的政策影响效果更加明显，甚至说全方位地推动了绿色发展工作。

第六章结论与讨论。在全面回顾科尔沁地区农牧矛盾导致生态贫困的区域历史背景的基础上，提出科尔沁河甸村实现绿色发展的根本之道在于重建了农业循环，实现了农业系统内部种植业、林业和畜牧业三者间的有机融合，分析了政策、组织、技术、文化等因素在案例村重建农业循环，实现绿色发展中的作用；随后，探讨了北方农牧交错生态脆弱区绿色发展的"梯次"推进策略，强调生态脆弱区要利用好外部的优惠政策，根据地区优势匹配好特色产业；最后，就生态脆弱区乡村绿色发展的漫长前路进行了思考。

第二章 研究区域与案例村概况

　　本书尝试从相对宏观和微观结合的信息呈现方式讨论生态脆弱区的乡村发展议题，宏观上描述科尔沁地区的整体情况。科尔沁沙地作为一个区域概念，其辖区内各旗县在外来人口移入、农业开发实践、生态环境变迁以及生态环境恶化引发严重的经济社会问题等方面极为相似。可以说，科尔沁沙地辖区内各旗县农村生态环境恶化问题的形成具有相似的社会机制和区域性特征，而这又与区域内乡村绿色发展问题密切相关。从这一层面看，在探讨乡村绿色发展问题时，科尔沁沙地可以作为一个整体性的区域概念，为我们理解这一区域内农村生态与发展的问题，提供了必要的历史地理和社会文化背景。但因为科尔沁沙地辖区内各旗县在外来人口移入时间、农业开发强度、生态环境恶化速度、经济发展阶段、产业发展等方面存在些许差异，为了更准确地呈现县域以及案例村的实际情况，笔者最终确定彰武县为研究区域，微观上呈现县域和村庄信息。通过介绍彰武县的自然地理环境、经济社会脉络以及案例村情况，为后文深入分析乡村绿色发展的发生发展逻辑提供必要的基础。

一　科尔沁沙地

　　历史上的科尔沁沙地为水草丰美、森林茂盛、河川众多之地。在这片广袤大地上，牧民过着顺应自然的游牧生活。清代以来，受人口和垦荒政策影响，大量外来农耕人口移入，农耕制度随之形成。经过长时间的大规模开垦，尤其是近半个世纪以来农业经济的迅速发展，科尔沁沙地已经演变为典型的半农半牧地区。由于生态环境脆弱以及人为因素影响，区域内生态问题日益突出，产业发展受限。在政策的引领下，地区踏上了漫长的绿色发展探索之路。

（一）科尔沁沙地基本情况

"科尔沁"的名称由来已久，最早是指分布在嫩江右岸到西辽河两岸的游牧民族部落。随着历史的变迁和时代的发展，科尔沁逐渐从一个部落名称演变成为一个地域名称。可以说，科尔沁是一个内涵丰富的地理概念和文化概念。① 1979 年以来，科尔沁基本被定义为以科尔沁沙地为主体的地区。② 科尔沁沙地位于大兴安岭、努鲁儿虎山和松嫩平原之间，沙地的主体处于西辽河下游干支流沿岸的冲积平原，北部沙地零散分布在大兴安岭山前冲积台地上。主要分布在内蒙古通辽市和赤峰市以及吉林省西部和辽宁省西北部地区，总面积 5 万余平方公里。行政区划上包括 17 个旗（县），主要旗县有科尔沁右翼中旗、扎鲁特旗、阿鲁科尔沁旗和巴林右旗的南部、翁牛特旗东半部、敖汉旗北部、奈曼旗中北部、库伦旗北部、科尔沁左翼后旗大部分、科尔沁左翼中旗北部、开鲁县和彰武县北部以及康平县西北部等。③

科尔沁沙地的地貌总态势为东西向山系与南北东西向山系挟持的三角形平原。由于地处东北平原西部向内蒙古高原的过渡地带，地势

① 巴义尔：《科尔沁》，中央民族大学出版社 2017 年版，第 2 页。

② 乌兰图雅：《300 年来科尔沁的土地垦殖与沙质荒漠化》，内蒙古人民出版社 2001 年版。

③ 吴正主编：《中国沙漠及其治理》，科学出版社 2009 年版，第 535—536 页；蒋德明、刘志民、曹成有编著：《科尔沁沙地荒漠化过程与生态恢复》，中国环境科学出版社 2003 年版，第 32 页。

自西向东缓慢倾斜，在南北方向上自两侧丘陵向中部河谷倾斜。沙地的西北部是大兴安岭山前冲洪积台地，地势自西北向东南倾斜，主要由沙砾石等堆积为主。中部冲击平原地貌形态主要有沙丘、缓平沙地、沙间相对低平的甸子地以及石质山丘等，可以说，坨①甸②相间是该区地貌的主要特色。平原主要分布在西拉木伦河、老哈河等主要河流的下游。沙地东南部很少有流沙，但有大面积固定沙丘。

　　科尔沁沙地属于温带半干旱大陆性季风气候。由于地处平原向高原的过渡地带，气候具有暖温带向温带、半湿润区向半干旱区过渡的特点。总气候特征为春季干旱多风，夏季炎热多雨，秋季凉爽，冬季漫长寒冷。因大气环流、纬度、地形等影响，沙区内气候有一定区域性差异。沙地光照条件较好，年平均气温5.2—6.4℃。沙地地域辽阔，降水分布不均匀，年降水量340—500毫米，空间上呈现从东南向西北逐渐递减的趋势。沙地年内降水不均匀，其中70%左右降水集中在6—8月；年际降水变化较大，造成历史上多次旱涝灾害。地区大风天气较多，秋冬盛行西北风，春夏以西南风为主。年平均风速3.5—4.5m/s，年内大风平均日数20—80天，冬春两季大风频率占全年的70%—80%左右。

　　科尔沁沙地处于我国东北地区降水量低值和蒸发量高值的中心，总体上看，水资源较为匮乏。地表水主要为西辽河水系。西辽河主干河流呈东西向贯穿全区，共有大小支流百余条，主要有乌力吉木仁河、西拉木伦河、新开河、老哈河等，西辽河水系是重要的地下水补给源之一。河流径流量的年际变化较大，地表水资源明显呈现逐年减少趋势。根据西辽河通辽水文站统计资料显示，1951—1959年年径流量为13.12亿立方米，1960—1969年为9.49亿立方米，1970—1979

---

① 坨子地指流动、半流动和固定沙丘。
② 甸子地具体指分布在坨、沼之间，地势相对低洼湿润的低地。

年为 0.986 亿立方米，20 世纪 80 年代以后为 2.895 亿立方米，地表水资源较 20 世纪 50 年代降低了 75% 以上。[①] 沙地中常年或季节性积水的湖泊、泡子多达 600 多个，大部分水质较好，在夏秋季节可用于农业灌溉和牧业用水源。但随着降水的减少以及地下水的过度开采，目前一半以上湖泊和泡子已经干涸。

科尔沁沙地由于地处于暖温带向温带、半湿润向半干旱两个重要的过渡带之间，自然地理环境的过渡性也使地区内的成土过程表现得复杂多样。地带性土壤主要有暗棕壤、栗钙土、黑钙土；非地带性土壤主要有沙土、草甸土和盐碱土。黑钙土等地带性土壤广泛分布于低山和丘陵地区，沙土、草甸土等非地带性土壤广泛分布于地带性土壤分布区的河流沿岸、低洼地或冲积平原上，形成了地带性与非地带性土壤交错分布的格局。地貌以及土壤分布上，科尔沁地区最显著的特点是固定或半固定风沙土与灰色草甸土相间交错分布。由于气候、土壤、地形、水文等因素的复杂性，地区内植被类型也呈现出过渡性和多样性特点，但总体上来看，地区内地带性植被是典型的草原到森林草原的过渡类型——疏林草原。[②] 但由于近百年来，人口的剧增以及人类活动的强烈干扰，原生疏林草原植被已被破坏殆尽，取而代之的是处于不同演替阶段的沙地次生植被。按照地形等条件来看，目前科尔沁沙地内共有流动、半流动沙地先锋植被，固定、半固定沙地灌木、半灌木植被，固定沙地草本植被，沙质草甸植被以及沙地森林植被五种植被类型。

整体上看，科尔沁沙地是我国四大沙地中水热条件最好的一个，具有一定优越性。但因为地处农牧交错地带，科尔沁沙地生态环境十

---

① 蒋德明、刘志民、曹成有编著：《科尔沁沙地荒漠化过程与生态恢复》，中国环境科学出版社 2003 年版，第 36 页。

② 疏林草原具有独特的群落外貌，它是由高大的旱生多年草本植物所构成，在草原的背景上散生有独株的乔木。具体参见陈鹏、赵小鲁《生物与地理环境》，中国青年出版社 1985 年版，第 111 页。

分脆弱。因为是两种不同类型生态系统的交界过渡区域，农牧交错带对各个生态因子的变化极为敏感，具有典型的生态脆弱特性，主要表现为波动性强、敏感性高、适应性低和灾变性多等方面①，这也为科尔沁沙地生态环境的恶化埋下了巨大隐患。

（二）生态恶化过程及成因

据史书记载，商周以前的科尔沁地区为女魃部落的领地。春秋前期，居住在此地的主要是以通古斯语为主的来自蒙古高原蒙古利亚种系的部族和来自贝加尔湖、西伯利亚以及内外兴安岭之间的游牧民族、渔猎民族和狩猎民族等多个氏族和部落。经过长期的战争、兼并和融合，战国至秦汉时期，各氏族和部落逐渐汇集成了一个以东胡人为主体的部落联盟。此后，柔然、敕勒、突厥、契丹、女真和蒙古等少数民族相继登上历史舞台并在此繁衍生息。最初，这些民族以狩猎和游牧为生，后来逐渐转变成了以游牧为主。② 游牧是人为适应自然而又合理利用自然的一种生计模式，这种生计模式在整体性、适度性原则下孕育出了一套"人—畜—草"平衡关系的生态哲学③，有利于草原生态环境的保护。虽然受战争等因素的影响，科尔沁沙地曾在辽代晚期至明代期间出现了土地沙漠化的高峰。但是由于地区总人口较少，加之生态本底较好，随着人类干扰活动的降低，到明代晚期，科尔沁沙地生态环境得到了一定程度的恢复。④

清代以来，外来人口陆续移入科尔沁地区。满族入关统一中国之前先后吞并了蒙古族各部落，并和蒙古族建立了联盟，实行一系列和亲政策。和亲政策伴随着人口移动。此外，蒙古王公贵族为了满足充

---

① 孙武：《人地关系与脆弱带的研究》，《中国沙漠》1995 年第 4 期。
② 这些以游牧为主要生计模式的民族也被统称为北方游牧民族。
③ 麻国庆：《草原环境与蒙古族的民间环境知识》，《内蒙古社会科学》（汉文版）2001 年第 1 期。
④ 冯季昌、姜杰：《论科尔沁沙地的历史变迁》，《中国历史地理论丛》1996 年第 4 期。

足的粮食供应，也曾主动招收外来农耕人口进入蒙地，开荒耕种。但是整体上来看，因为清代初期的蒙地封禁和人口移动政策十分严厉，所以只有少数外来人口移入。虽然清代初期科尔沁沙地上的农业有所发展，但农业规模还比较小，从耕地面积、农业人口数量和耕种技术上来看，当时农业在整个经济中所占的地位比较弱。① 清朝中期以来，为了妥善地保护和管理蒙地，清政府下令一律禁止蒙旗私自招垦。但是为了满足蒙古王公聚敛财富的愿望，解决军粮供应，安置关外贫困农民等，清政府又默许开垦蒙地。在政治力量的影响下，大量外来农耕人口移入蒙古族游牧地区，赤峰和通辽地区为重点移入地。伴随着人口的大量移入，科尔沁沙地的开垦自西南开始依次向北向东逐渐扩展。清朝末期，在内忧外患的压力之下，清政府在"移民实边"思想的指导下推出了全面放垦蒙地的"新政"②，随之引发了一场迁往蒙地的巨大移民潮。以科尔沁沙地主体区通辽地区为例，1770 年（乾隆三十五年）地区总人口（主要为蒙古族）为 18.3 万③，到了清末，地区总人口达到了 249.3 万，蒙古族人口仅有 19.3 万④，这也就是说，经过百余年跨越边界到达通辽地区的移民高达 230 万。虽然大量人口移入科尔沁地区，但由于地域辽阔，加之人类的生产力水平不高，控制自然的力量有限，整体上来看，清代的科尔沁沙地，植被依然十分茂盛，沙丘比较固定，出现了又一次水草丰美的自然景象。⑤

---

① 田志和：《清代科尔沁蒙地开发述略》，《社会科学战线》1982 年第 2 期。

② 以实行"蒙地放垦"政策为新政的重点。开垦蒙地更为直接的目的是解决军饷和日益严重的边疆危机，减轻国家财政负担，维护边疆地区稳定。

③ 王龙耿、沈斌华：《蒙古族历史人口初探（17 世纪中叶—20 世纪中叶）》，《内蒙古大学学报》（人文社会科学版）1997 年第 2 期。

④ 王士仁：《哲盟实剂》（复印本），哲里木盟文化处 1987 年版，第 126 页。

⑤ 冯季昌、姜杰：《论科尔沁沙地的历史变迁》，《中国历史地理论丛》1996 年第 4 期；《蒙古游牧记》载文："扎鲁特（今扎鲁特旗周边地区）有平地松林……密林丛翁二十余里"；《东三省政略》载文："凡扎萨克图（今科尔沁右翼前旗）、镇国公（科尔沁右翼后旗及科尔沁右翼前旗西北部）、乌珠穆沁扎鲁特诸旗皆其绵亘处，森林茂郁。"

民国初年，政府颁布了蒙地"暂不放垦"的政策，但政局稳定后，北洋政府迅速改变了态度，制定了"禁止私放蒙荒通则"和"垦辟蒙荒奖励办法"①。随后又颁布了"边荒条例"，并明确规定了"蒙古游牧地可以放垦"②。在政策保障与经济利益的双重驱动下，大量外来农耕人口移入蒙地，农业开发力度增强。伪满时期，移民仍然是科尔沁地区人口增长的重要来源。人口的移入伴随着大面积的开荒，这也是科尔沁地区由牧改农的过程。但这个过程是在没有保护计划以及落后的农业技术水平下开展的，本质上是一种广种薄收的对土地的掠夺过程。③ 比如，农民将草场开垦为耕地以后，只能靠天吃饭，而"十年九旱"是地区主要气候特征。受气候等自然条件的影响以及不断的风蚀和侵袭，这块土地地力很快就会被耗尽，慢慢沙化，最终演变成寸草不生的流动沙丘。于是，农民只能丢弃沙化土地、重新开辟新地，陷入"越垦越穷、越穷越垦"的恶性循环。但就生态环境状况来看，新中国成立以前，科尔沁沙地尚且保持着生态平衡。费孝通在赤峰地区的调查也印证了这一情况。即当时赤峰地区草长一米多高，类似的草原至少一部分还保持着"风吹草低见牛羊"的优良状态，牧民在清晨出行时，露水湿透两腿及腰部。④ 笔者通过走访科尔沁沙地十余个旗县同样了解到，新中国成立以前，虽然科尔沁沙地已经出现了不同程度的土地沙漠化问题，但是地区林草等植被依然较为茂盛，动物种类及数量比较多。

新中国成立后，虽然在党和政府领导下，地区在植树造林、草原

---

① 王德胜：《北洋军阀对蒙政策几个问题的初析》，内蒙古党史研究所编：《内蒙古近代史论丛》（第三辑），内蒙古人民出版社1987年版，第26—119页。

② 祁美琴：《伊克昭盟的蒙地开垦》，内蒙古党史研究所编：《内蒙古近代史论丛》（第四辑），内蒙古大学出版社1991年版，第2—54页。

③ 这一地区20世纪50年代平均每亩地的粮食产量才开始超过一百斤，此前一般都是几十斤。

④ 费孝通：《费孝通文集》（第九卷），内蒙古人民出版社1987年版，第494页。

建设等植被恢复方面做了很多努力，但到了 20 世纪八九十年代，科尔沁沙地土地沙漠化问题已经十分严重了。以赤峰中部的翁牛特旗来看，20 世纪 80 年代后期，该旗基本是"五沙、四山、一分田"，已经沙化的一半土地中，流动和半流动沙丘占该旗总面积的 41%，水土流失面积占总面积一半，土壤有机质含量仅有 0.5%。① 相关研究显示，截至 20 世纪 90 年代末，科尔沁沙地土地沙漠化面积占沙区总面积的 42%，其中流动沙地、半固定沙地、固定沙地、露沙地和其他类型占沙漠化土地面积的比例分别为 8.1%、11.6%、65.6%、14.7% 和 0.1%。② 土地沙漠化的比例从 20 世纪 50 年代的 22%③发展到了 21 世纪初的 42%。在半个世纪的时间里，科尔沁沙地沙漠化土地增加了近一倍，土地沙漠化问题十分严峻，处于高度风险水平。④ 伴随着土地的大面积沙漠化，地区沙尘暴⑤、旱灾与涝灾⑥、生物多样性锐减等问题也较为突出，地区生态环境严重恶化。

科尔沁沙地生态环境的恶化是自然因素和人为因素综合作用的结果。从自然因素来看，科尔沁沙地大部分为冲积和洪积平原，长期以来堆积了最深约 200 米的松散沙质沉积物。由于这些沙质沉积物结构松散、内聚力差，在干旱和强风的作用下极易形成风沙地貌。科尔沁沙地生态环境的恶化还与本地区气候暖干化趋势密切相关。如通辽市若干旗（县）年降水量曲线显示，科尔沁沙地主体区 30 余年

---

① 费孝通：《费孝通文集》（第九卷），内蒙古人民出版社 1987 年版，第 496 页。

② 任鸿昌、吕永龙：《科尔沁沙地土地沙漠化的历史与现状》，《中国沙漠》2004 年第 5 期。

③ 赵哈林、张铜会、崔建坦：《近 40 年我国北方农牧交错区气候变化及其与土地沙漠化的关系——以科尔沁沙地为例》，《中国沙漠》2000 年第 1 期。

④ 邱喜元、左小安、赵学勇：《科尔沁沙地沙漠化风险评价》，《中国沙漠》2018 年第 1 期。

⑤ 张美杰、春喜、梁阿如娜：《近 60 年科尔沁沙地的气候变化》，《干旱区资源与环境》2012 年第 6 期。

⑥ 包红花、宝音、乌兰图雅：《科尔沁沙地近 300 年旱涝时空分布特征研究》，《干旱区资源与环境》2008 年第 4 期。

（1950—1982 年）降雨趋势以每年 8‰—23‰的速率减少。[1] 可以说，自然因素是科尔沁沙地生态环境恶化的内在原因。但相比于自然因素，人口的大规模移入以及所伴随的"三滥"行为等人为因素是科尔沁沙地生态环境恶化的根本原因。

在生态脆弱地区，人口的大规模移入是造成生态环境恶化的一个重要影响因子。新中国成立以后到 1981 年国家颁布"不向内蒙古大量移民"为止，有计划的移民内蒙古成为了国家人口政策的一个重要特征，而移民的分布也主要集中在内蒙古东部和南部地区，其中科尔沁地区为一个重要的迁入地。[2] 在此期间，外来青年人口一直在持续移入，一个庞大的生育群体以及随之而来的移民生育（加之蒙古族的生育政策影响）使得地区内人口迅猛增长。相关研究显示，1947 年科尔沁沙地总人口为 93.64 万，及至 1996 年，地区总人口达到了 348.02 万，年平均增长速度为 5.22%。人口密度从 1947 年的每平方千米 10.44 人提高到了 1996 年的每平方千米 38.8 人。[3] 科尔沁沙地人口密度严重超过了生态脆弱区人口密度应该控制在 7—20 人每平方千米的限定值。

人口的大规模移入，必然需要大量的粮食、燃料和饲料，"三滥"行为随之加剧。首先为滥垦。为了片面追求粮食产量，民众过度垦荒，但广种薄收造成了严重的土地沙漠化等生态问题。如新中国成立以后，科尔沁沙地民众仅开荒耕种然后弃耕，每年就有 1300 多公顷草原沙漠化。[4] 整体上来看，随着土地的连续开发与垦荒，科尔沁沙

① 吴正主编：《中国沙漠及其治理》，科学出版社 2008 年版，第 539 页。
② 宋乃工主编：《中国人口·内蒙古分册》，中国财政经济出版社 1987 年版，第 11 页。
③ 乌兰图雅：《科尔沁沙地近 50 年的垦殖与土地利用变化》，《地理科学进展》2000 年第 3 期；乌兰图雅、乌敦、那音太：《20 世纪科尔沁的人口变化及其特征分析》，《地理学报》2007 年第 4 期。
④ 蒋德明、刘志民、曹成有编著：《科尔沁沙地荒漠化过程与生态恢复》，中国环境科学出版社 2003 年版，第 52 页。

地耕地面积出现了两次高峰期。以科尔沁沙地的主体区通辽为例，第一个高峰期为新中国成立到 20 世纪 60 年代。新中国成立初期通辽的耕地面积为 48.2 万公顷，20 世纪 60 年代末期耕地面积达到了 63.47 万公顷，增长幅度近 32%。第二个高峰为 1996 年。该年通辽的耕地面积转变了 20 余年连续下滑的趋势，耕地面积达到近 54 万公顷这一高峰值。从本质上来看，过度垦荒势必造成天然植被的严重破坏，由此引发的土地沙漠化等问题很难在短时间内得到恢复，"越穷越垦，越垦越穷"恶性循环不断发展。

其次为滥牧。从整体上来看，科尔沁沙地民众一方面将大面积草原开垦成了耕地的同时；另一方面又不断扩大养殖规模。这也就意味着，可供放牧的草场空间越来越小，超载放牧现象十分严重。相关研究显示，科尔沁沙地（以通辽地区为例）每只羊应该占有的可利用草场面积至少在 0.7—1.5 公顷之间，1949 年每只羊可利用的草场面积为 1.9 公顷，但到了 1991 年已经不足 0.3 公顷①，地区草场的放牧率远远超过了草场的合理载畜量。超载放牧会严重破坏植被覆盖度，牲畜的过度啃食和踩踏也会影响植被的正常生长和发育，加速草地退化沙化过程。久而久之，草场的质量和等级也会不断下降，原有正常的草地也会逐渐演变成半流动和流动性沙丘，草地沙漠化问题愈演愈烈。

最后为过度樵采。随着人口的增多，人们对燃料的需求也随之增加。科尔沁沙地辖区内民众薪柴的主要来源为灌木和半灌木，过度樵采破坏了大量植被，引发了严重的土地沙漠化问题。康平县调查显示，县内每年至少有 4 万—5 万人搂草，如果按照每人 100 千克计算，一个县每年民众搂草作燃料的总量在 400 万—500 万千克。在人

---

① 常学礼、鲁春霞：《人类经济活动对科尔沁沙地风沙环境的影响》，《资源科学》2003 年第 5 期。

口密集的旗县，民众还要大量采伐固沙植被作为燃料。库伦旗一个乡的调查显示，全乡共有 1340 户，每年薪柴量相当于破坏了 9266.7 公顷灌木林。① 与此同时，在经济利益的刺激下，民众割柳条、挖甘草和割麻黄等行为也严重破坏了大量植被。此外，西辽河及其支流上游兴建了数座水库，树木的砍伐量远远大于生长量。以赤峰市的翁牛特旗为例，1960 年仅修建一座红山水库就几乎将附近的树木剃了光头，"十年动乱"期间，该旗也砍伐了 700 多万棵树。②

综上所述，科尔沁沙地生态环境的恶化是自然因素和人为因素综合作用的结果，但尤以人为因素为重。科尔沁沙地生态环境的恶化，形式上是人口增加所致，实质上是农牧系统之间的不协调造成的。传统的游牧是在大空间范围内实现系统良性循环的，有利于草原生态环境保护。与游牧不同，农耕可以在村落甚至更小的空间范围内运转，其追求的是定居、稳定和封闭。在相对封闭的小空间范围内，农耕人口的增加需要相应数量的粮食、燃料和饲料等资源供给，"三滥"行为加剧，以"三滥"为主的生产经营方式引发了一系列生态失衡问题。而地区生态环境又与农业发展密切相关，生态环境的恶化致使农牧业产出下降，经济发展动力不足导致低收入，民众普遍陷入贫困状态。在相对有限和封闭的空间范围内，为了养活不断增加的人口、维持基本生活需要，民众只能向自然界过度索取，增加开发强度，结果又引发了严重的生态失衡问题。生态的恶化进一步约束经济发展进而加剧贫困，最终陷入"生态贫困"的怪圈。

（三）生态治理与绿色发展探索

新中国成立以后，随着国内政治、经济与社会格局的稳定和良性

---

① 蒋德明、刘志民、曹成有编著：《科尔沁沙地荒漠化过程与生态恢复》，中国环境科学出版社 2003 年版，第 55 页。

② 费孝通：《费孝通文集》（第九卷），内蒙古人民出版社 1987 年版，第 496 页。

运行，党和政府开始有意识地关注生态治理。从前文叙述内容可知，自清代以来，伴随着大量外来人口的移入以及过度开垦、超载放牧、过度樵采等行为，及至20世纪50年代，虽然科尔沁沙地还保持着生态平衡，但土地沙漠化、动植物资源减少等问题已经暴露出来了。每到春季，风沙频发，农牧民的生产生活受到影响。为治理风沙灾害，改善不良的环境状况，在党和政府的领导下，科尔沁沙地退化环境的治理工作也始于20世纪50年代初期开始进行。中国科学院首先在辽宁和内蒙古交界地带的章古台地区建立了固沙造林研究机构，专门从事科尔沁沙地土地沙漠化治理的研究工作，探索出了以"草—灌—乔"固沙的生物治理措施，实践中积累了宝贵的治沙经验。然而，由于20世纪50年代后期的"大跃进"，60年代初期的自然灾害，十年"文化大革命"，到70年代末期，我国的荒漠化形式已经十分严重了，"三北"地区的土地荒漠化问题尤为突出。

为改善我国"三北"地区恶劣的生态状况，1978年国家林业局向国务院提交了《关于西北、华北、东北风沙灾害和水土流失重点地区建设大型防护林的规划》并得到了批准。至此，我国大型生态建设工程拉开了帷幕。根据"三北"防护林工程建设规划，工程自1978年开始到2050年结束，共计73年。工程具体分为三个阶段，八个建设时期。第一阶段为1978—2000年，共分三期进行，第一期时间为1978—1985年，第二期时间为1986—1995年，第三期时间为1996—2000年；第二阶段为2001—2020年，第四期时间为2001—2010年，第五期时间为2011—2020年；第三阶段为2021—2050年，按照每间隔十年为一个期限，共包括三期工程。目前，已经完成了五期工程。总结来看，40年"三北"工程防沙治沙工作取得了显著成效，累计造林面积4610万公顷，占规划造林总任务的118.16%，造林保存面积3014.3万公顷，工程区森林覆盖率由

1977 年的 5.05% 提高到 13.57%。①

"三北"防护林工程的第一阶段主要开展了平原与灌溉绿洲农田防护林、毛乌素沙地防沙固沙林、科尔沁沙地防风固沙林等 7 个重点项目，主要目标为平原农区型防护林体系工程、生态经济型防护林体系工程和区域性防护林体系。据统计，截至 2000 年，"三北"防护林工程建设第一阶段中各省、自治区、直辖市造林保存面积共计 22037208 公顷。其中，防护林 14263883 公顷，经济林 3691783 公顷②，防护林占总造林面积 65%，经济林占总造林面积 17%。科尔沁沙地治理工作于 1978 年正式启动，工程建设区主要落地在通辽和赤峰地区。经过二十多年的工程建设，科尔沁沙地的扩展势头初步得到遏制，"沙进人退"局面开始改善。2003 年中国科学院遥感监测数据显示，通辽市森林覆盖率由治理初期的 8.9% 提高到了 20.8%，赤峰市森林覆盖率由 5% 提高到了 25.6%。整体上来看，20 世纪 90 年代末期到 21 世纪初期，科尔沁沙地的土地沙漠化形势出现向好的良好态势。

毋庸置疑，"三北"防护林工程的实施有效地治理了工程区的风沙灾害，但是因为生态林比例较高、经济林比例较低，所以在很多村庄内出现了村民大面积"毁林返耕"现象。大型生态林营造工程并没有发挥其预期的理想效果，反而因为民众的"毁林返耕"以及延续已久的"三滥"行为，科尔沁沙地辖区内局部生态环境持续恶化。比如，20 世纪 90 年代中后期，辽蒙交界地带辽西北地区的土地沙漠化问题十分严重。这一地带村庄也面临着"留"或"搬"的道路抉择难题。就当时来看，类似于调查地彰武县的这些地区已经很难恢复到

---

① 中国林业网：《数说"三北"实效礼赞生态成果》，http://www.forestry.gov.cn/，2018-11-30。

② 国家林业局编：《三北防护林体系建设 30 年发展报告（1978—2008）》，中国林业出版社 2008 年版，第 74—76 页。

原有的森林草原生态系统，只能依靠人为措施实现沙地农业生态系统的新平衡。① 即便是实现新的平衡，也必须借助一些有力措施和手段，比如恢复植被（植树造林、禁牧休牧等），转变生产方式，发展生态产业，调和农牧系统之间的矛盾等，才能改善退化的生态环境，逐渐恢复沙地农业生态系统的新平衡。

二　沙地东南部的彰武县

（一）自然地理环境

彰武县隶属于辽宁省阜新市，位于辽宁省西北部，科尔沁沙地东南部。彰武县是辽宁省西北部的一个"边远县"，毗邻六县（旗）。东与平县、库县接壤，西连古县，南接民县，北与内蒙古自治区的后、伦两旗为邻。彰武县总面积为 3635 平方公里，东西长 87.5 公里，南北宽 79 公里，全境呈"枫叶形"。2018 年统计资料显示，全县共辖 22 个镇 2 个乡，总人口 40 余万。

从地理区位上来看，彰武县为辽宁省的一个"边远县"，但也兼具着科尔沁沙地辖区的另一重"身份"。由于地处辽蒙交界地带，所以彰武县在自然地理、生计模式、经济发展以及风俗习惯等方面都与邻近内蒙古自治区的后、伦两旗相似。如果将区域放大，彰武县与科尔沁沙地辖区其他旗县的联系也较为紧密，甚至可以说，科尔沁地区这一地理概念及其内涵更能准确反映彰武县诸多方面的真实情况。因为不论是从整个区域生态变迁过程，还是外来农耕人口移入以及所伴随的农业开发情况来看，整个科尔沁沙地辖区内诸多旗县的情况十分相似。有鉴于此，本书在陈述有关彰武县的生态、经济、社会等方面

---

① 地区已经由最初森林草原生态系统转变成种植业、畜牧业、林业和其他各业在内的沙地农业生态系统。

内容时，更倾向于将彰武县放置在科尔沁沙地这一相对宽泛的区域内来看待。

彰武县地质构造为阴山东西复杂构造地带和新华夏系两个一级构造地带，是大兴安岭—太行山隆起地带和松辽沉降的交接部分。北部为科尔沁沙地的延伸地带，风积地形，多沙荒，中南部为松辽平原的坡水地，多平原，柳河两岸为次生风沙地。彰武县北高南低，西北部最高海拔313.1米，南部最低海拔57.6米，东西多丘陵。地形基本可以用"三丘、三沙、四平洼"概括。

县内河流纵横，泡沼众多。主要有柳河、绕阳河、养息牧河、秀水河四条河流。柳河发源于内蒙古，从西北入境，流向东南，县内河长61.4公里，年均径流量为0.547亿立方米；绕阳河为南阜新县界河，县内河长72.93公里，年均径流量0.487亿立方米；养息牧河发源于本县，由四个支流河汇集而成，年均径流量为0.955亿立方米；秀水河从内蒙古经四合城、大四家子乡流入法库县。年均径流量为0.16亿立方米。① 境内大于20平方公里的支流有20余条。需要强调的是，境内北部（案例村所在地）沙荒地区分布着较多"泡沼"②，20世纪90年代，泡沼总面积约为一万余亩。但是，随着干旱、风沙等自然因素以及民众过度开发等人为因素的影响，泡沼逐渐干涸，面积逐年减少。

彰武县属于温和半湿润的季风大陆性气候。主要气候特点为四季分明，雨热同季，光照充足，昼夜温差大，春季风大且多，寒冷期较长。年平均气温7.2℃，最高温度37.4℃，最低温度 -30.4℃，平均风速3.8米/秒，最大风速38米/秒，年均降水量510.3毫米（西北

---

① 彰武县志编纂委员会：《彰武县县志》，彰武县志编纂委员会办公室1987年版，第73—75页。

② "泡沼"即由地下水、自然降水等形成的临时水域，类似于湿地生态系统。因为地处科尔沁地区，县域西北部的泡沼多指分布在平原地区以草本植物为主的沼泽地带。

部较少，中南部较多），平均无霜期 156 天。每年春季多干燥、大风，春旱十分普遍，夏季炎热，降水集中（七、八两月），易引发涝灾，秋季降温较快，雨量骤减，冬季寒冷干燥。

由于地处生态脆弱地区，地形地貌较为复杂，彰武县各类自然灾害较多，主要有旱灾、涝灾、风灾、倒春寒、低温冷害等。旱灾与涝灾是影响本县农业生产的主要气象灾害之一。由于年降水量变率大以及年降水量分布不均匀，县内旱灾与涝灾频发。据统计，彰武县 1934—1978 年间共有 16 年为涝年，8 年为旱年，风调雨顺年较少。风灾也是影响民众生产生活的重要灾害之一。但是因地形、土壤结构以及地表植被覆盖不同，风灾程度存在一定差异。县内风灾最为严重的地区为柳河两岸及其北部沙区（河甸村在此范围内）。据统计，1959—1978 年间，大于六级大风年平均出现 69.3 次，1972 年最多，共计 124 次。大于八级大风年平均出现 32 次，1965 年最多，为 70 次。风灾一旦发生，农作物、房屋、电杆、树木等顷刻间就会遭到严重破坏，民众苦不堪言。倒春寒与低温冷害也是不可忽视的自然灾害。据统计，彰武县 1959—1978 年间倒春寒出现 8 年，低温冷害出现 8 年。一般情况下，倒春寒和低温冷害年大多为歉年。①

（二）人口与民族构成

据史书记载，在远古时代，今彰武地区地处古幽州之域，战国时，处燕长城之外，及至汉唐时期，为东胡、乌桓、肃慎、鲜卑、契丹、女真等少数民族活动的地区。到了辽代，彰武地处辽东之域，置有懿、遂、横等头下军州。这些私城大多充以汉人俘户籍渤海国降

---

① 彰武县志编纂委员会：《彰武县县志》，彰武县县志编纂委员会办公室 1987 年版，第 80—86 页。

民，逐渐改变了这一地区的民族构成。① 随着这些草原雏形城市的出现，为"头下主"而耕作的"头下户"赖以居住的聚落应运而生。明永乐八年（1410），彰武地区成为蒙古兀良哈部落的游牧地。明末清初，蒙古科尔沁部落及土默特部落相继徙来，与原有的蒙古兀良哈部落共同生活。后金汗国建立后，生活在这一地带的原有部落相继归顺，彰武地区成为科尔沁左翼前旗宾图郡王及土默特左翼旗贝勒的游牧地。

清初，彰武境内被设立为养息牧场。② 当时朝廷由察哈尔蒙古八旗征调牧户 32 户，230 余人来此放牧。康熙三十一年（1692），科尔沁左翼前旗宾图郡王及土默特左翼旗贝勒奉旨献出了部分旗地，养息牧场疆界不断扩大。及至乾隆三十二年（1767），在彰武境内西北地区设置了新苏鲁克③，牧民人口随之增加。到了嘉庆九年（1804），彰武地区的人口增至 3500 余人。嘉庆十八年（1813）以后，养息牧场进入了试垦和续垦阶段，地区陆续有外来汉族人口来此垦种，加之盛京将军和宁拨锦、宁、广、义等邑旗丁来此垦种，牧场内形成了蒙、满、汉等多民族杂居格局，地区人口达到 6000 余人。到光绪二十二年（1896），人口增至 10214 人。光绪二十三年（1897）以后，

---

① 彰武县志编纂委员会：《彰武县县志》，彰武县县志编纂委员会办公室 1987 年版，第 69 页。

② 顺治皇帝的母亲孝庄皇太后为科尔沁左翼中旗王公宰桑之女。为庆祝顺治皇帝登基，旗内 10 余家蒙古王公共向朝廷进献了 5000 头牛和 10000 只羊作为贺礼。为了妥善处置这些牛羊，朝廷决定在今科左中旗和后旗等地界设置东西 75 公里、南北 130 公里养息牧场。养息牧场每年为清廷提供"三陵"大小祭品。

③ "苏鲁克"即为牧主贷给牧工放牧的畜群。1949 年以前，通常指封建主征用劳役的一种形式。具体参见内蒙古简史编写组《蒙古族简史》，内蒙古人民出版社 1986 年版，第 67 页；《辞海》第 2161 页记载："苏鲁克"，蒙古语音译，原意为"群"，引申为"畜群"。通常指牧主与牧工之间的生产关系。旧时内蒙古牧民代养牧主的牲畜叫"养苏鲁克"。蒙古王公贵族、上层喇嘛、旗府、庙仓以劳役形式将畜群交给牧民放牧，称为"放苏鲁克"；牧主和商人将畜群租给牧工放牧，也叫"放苏鲁克"，剥削均很残酷。新中国成立初期，实行牧工牧主两利政策，推行新苏鲁克，经牧民与牧主协商，合理地规定了租放牲畜年限、分配子畜及其他畜产品的比例。

清政府决定养息牧场全面开禁招垦。光绪二十四年（1898），养息牧场大量招垦，到年底，开垦工作基本告竣。由于这一地区长期处于封禁之地，禁令一除，各地垦民接踵而至，彰武境内人口骤然大增，突出表现为以"窝棚""窝堡"和自然地理环境[①]等命名的聚落数量的增多。[②] 光绪二十八年（1902）设置彰武县后，人口持续增加。至1911 年，人口增至 93732 人，1949 年全县共有 230114 人，1985 年为380609 人，2016 年为 406424 人。

总体来看，彰武县 1970 年以后人口增长比较缓慢，1970 年以前人口出现了几次明显变化，这一变化与当时政府颁布的政策息息相关。具体来看，光绪二十二年（1896）到 1911 年十五年间，彰武人口增加了83518 人，这主要受清政府"移民实边"和"全面放垦"等政策的影响。1930 年到 1940 年十年间，彰武人口增加了 71848 人，这仍然与政府颁布的"边荒条例"以及"游牧地可以继续放垦"等政策密切相关。1945 年到 1949 年四年间，彰武县人口增加了 39841 人，1950 年到 1955年五年间，人口增加了 24621 人，这仍与垦荒政策相关。1960 年到1970 年十年间，彰武县人口增加了 82127 人。需要说明的是，虽然彰武县 1956 年便启动了计划生育工作，但是直到 1971 年才真正落实，随后，人口自然增长率开始逐年降低（见表 2 - 1）。

---

① 通过查看并分析彰武县内一些具体聚落名称可知，境内聚落名称具有以下两点显著特征。一是多以"窝棚"或"窝堡"命名。"窝棚"或"窝堡"的形成多因招垦后垦民初来此地时搭建的临时栖身之所，而后，通过修建土木结构的房屋自然形成了聚落，"窝棚"或"窝堡"逐渐演变成了村屯名字。为了加以区分，"窝棚"或"窝堡"之前大多冠以村民姓氏。二是即使由"窝棚"或"窝堡"形成聚落以后，但一些聚落却以居住地的自然地理环境而命名。本研究的案例村河甸村就属于这一类别。顾名思义，"甸"意为"草甸子"，这也充分表明了初来此地垦民形成聚落时的自然景象。

② 据彰武县志第 70 页记载，彰武境内村屯从光绪二十四年（1898）的 84 个，至宣统三年（1911）已经增至 629 个，聚落已经分布于境内各个角落。民国、伪满时期，县内聚落的增长相对稳定。但是新中国成立以后，随着人口的激增，村屯聚落大量增加，截至1979 年，全县自然村共有 1185 个。

表 2 - 1　　　　　　　彰武县 1911—2016 年人口变化情况

年度（年）	人口（人）	年度（年）	人口（人）	年度（年）	人口（人）
1911	93732	1955	267549	1990	392590
1925	108532	1960	271846	1995	401331
1930	116367	1965	304911	2000	408352
1935	165072	1970	353973	2005	413998
1940	188215	1975	364358	2010	415444
1945	190273	1980	367489	2015	407654
1949	230114	1985	380609	2016	406424

资料来源：1911—1985 年数据根据《彰武县县志》第 90—91 页整理而成；1990—2016 年数据根据彰武县统计局提供数据整理而成。

　　从民族构成上看，蒙古族为彰武地区定居最早的民族，随着养息牧场的试垦、续垦以及全面放垦，满族、汉族等人口陆续移入。据县志记载，光绪二十二年（1896），养息牧场内共有蒙古族和满族总人口 10214 人，到宣统元年（1909），人口增至 81922 人，其中，蒙古族为 25291 人，满族为 3960 人，剩余 52671 人均为汉族。新中国成立后，县内共有汉族、蒙古族、满族、朝鲜族等 10 余个民族，但是汉族人口一直为人数最多的民族。如表 2 - 2 所示，1964 年全县总人口为 288246 人，汉族为 263768 人，占总人口的 91.51%；1982 年全县总人口为 374354 人，汉族人口为 320738 人，占总人口的 85.68%。农耕制度的形成以及过度开发行为破坏了当地较为脆弱的生态环境，脆弱生态环境影响农业发展，生态与发展难题一直困扰着科尔沁地区。

表 2 - 2　　彰武县 1964 年与 1982 年各民族人口数量及占比情况

民族	1964 年普查人口（人）	1982 年普查人口（人）	占总人口百分比	
			1964 年（%）	1982 年（%）
总计	288246	374354	100%	100%
汉族	263768	320738	91.51	85.68
蒙古族	15191	31474	5.27	8.41
满族	8746	20664	3.03	5.52
回族	482	706	0.17	0.19
锡伯族	18	682	0.01	0.18
朝鲜族	24	73	0.01	0.02
壮族	2	10	—	—
达斡尔族	1	2	—	—
苗族	0	1	—	—

资料来源：根据《彰武县县志》第 98 页整理而成，"—"表示数量很小，忽略不计。

（三）生计模式与经济发展

清初，依托科尔沁这一得天独厚的自然地理环境，彰武地区被设置为养息牧场，在较长时间的严格封禁政策下，彰武地区一直是一个以牧业为主的地区，直到清末才开禁招垦，并逐渐转化为以农业生产为主的地区。新中国成立以前，彰武县的农业经济主要由农牧二业构成。新中国成立以后，林牧副渔各业发展缓慢，形成了以农为主的较为单一的农业经济结构。党的十一届三中全会以后，彰武县从县域农业生产的实际情况出发，扭转了单纯"以粮为纲"的局面，在保持农业发展的同时，林牧副渔各业有了较快发展。1984年，彰武县确定了以牧业为主的农业生产结构。此后，全县的牧业发展较快，牧业产值占农林牧副渔产值的比重大幅度提升（见表2 - 3）。

表 2 – 3　　　　　　彰武县 1950—2015 年农林牧副渔产值　　　　　单位：万元

年份（年）	农林牧副渔	农业	林业	牧业	副业	渔业
1950	2365	1935	17	370	43	0
1960	2623	1949	118	450	100	6
1965	4909	4076	169	560	100	4
1970	5177	4297	169	578	120	13
1975	5281	4348	167	651	108	7
1980	5323	3855	239	977	240	12
1985	11469	7154	603	3503	171	38
1990	34333	23567	736	9460	196	374
1995	107966	66322	2358	38571	239	536
2000	67672	27266	3505	36181	240	480
2005	254326	112618	14057	124194	1538	1919
2010	692741	317244	47969	308884	14946	3698
2015	1062830	348119	69529	616391	23023	5768

资料来源：1950—1985 年数据根据《彰武县县志》第 109—110 页整理而成；1990—2015 年数据根据县统计局提供的资料整理而成。

1. 农业生产情况

根据前文叙述内容可知，清初的彰武地区为养息牧场，随着养息牧场的全面招垦，直到清末彰武地区才转化为以农业生产为主的地区，到 1952 年，彰武县耕地面积达到了历史最高水平，即耕地面积为 2162910 亩，总土地面积为 5406683 亩，耕地面积占土地总面积的 40% 左右。需要强调的是耕地面积的增加意味着草地湿地或林地面积较少。但是根据彰武县 1949 年前后的林业发展情况来看，植树造林面积逐年都在增加，由此可以推断县域增加的一部分耕地面积是由草地湿地转化而来。通过对林业局商主任以及河甸村村民的访谈可知，新中国成立前后，由于县域内草地湿地较多，加之管理政策的松弛，所以民众在有条件的情况下都会开荒耕种，久而久之，一些草地湿地也就转化成了耕地。但是，由于当地的沙土土质较为瘠薄、耕作方式粗放以及民众在使用土地的过程中缺乏保护的意识，所以土地退化沙化问题逐渐加重。这也为20世纪90年代中后期河甸村（彰武县西北部沙化最严重地区）面临的"如果不大规模植树造林改善环境，就需要生态移民"埋下了隐患。

县内种植的粮食作物主要有玉米、高粱、小麦、荞麦、谷子、绿豆、大豆等，经济作物主要有棉花、花生、芝麻、向日葵、甜菜、西瓜等。20世纪50年代以前，彰武县的粮食产量较低。20世纪50年代以后，随着农作物品种、农业生产技术以及灌溉设施等条件的改善，粮食产量逐年提升。与1949年相比，1981年的粮食亩产增加了132%。据统计，1950年的粮食总产量约为0.5亿斤，1960年的粮食总产量约为1.4亿斤；1960—1970年间，大部分年份的粮食总产量在1.5亿—2.5亿斤；1970年以后突破了2.5亿斤；1986年达到了近3.7亿斤。从农业产值来看，也一直呈上升趋势。如1950年彰武县的农业产值为1935万元，1960年为1949万元，1970年为4297万元，1980年为3855万元，1990年为23567万元。2000年为27266万元，2015年为348119万元。

2. 牧业发展情况

彰武县的牧业发展历史悠久。正如前文所述，清朝初年，今彰武地区为养息牧场，从清朝初年到嘉庆十七年（1812）为养息牧场的兴盛时期，每年都承担着向清廷呈贡"三陵"祭品的重要功能。但是嘉庆十八年（1813）以后，清政府开始放垦这一地段，养息牧场逐渐衰落，及至咸丰年间，养息牧场已经失去了原有的实际功能。主要表现为："陈新苏鲁克额设之红牛四千条、黑牛一千条、羊一万只，早已散落各处村屯，已无千百成群景象。"[1]

---

① 彰武县志编纂委员会：《彰武县县志》，彰武县县志编纂委员会办公室1987年版，第139页。

新中国成立后，虽然农业是本县主导产业，但牧业也是彰武县农业生产的一项重要产业。1952 年，彰武县开始执行"保护繁殖改良为主，治疗为辅"的方针，开始尝试推广种植苜蓿和青贮试验。1955 年，全县实行"确保饲养管理，繁殖役畜，改良畜种"方针。1963 年开始，在牧业上逐渐建立和恢复一些责任制以及相关牲畜饲养、繁育奖励制度，明确了牲畜的所有权。"文代大革命"期间，县内畜牧业发展较为缓慢。但是 1977 年以后，牧业又得到了重视和发展。1980 年，彰武县确立发展育肥牛①，1980 年和 1981 年连续两年被评为"全国育肥牛基地成绩优异县"。1984 年，彰武县根据县域悠久的牧业发展历史以及现实情况，确定了以牧业为主的生计模式。之后，全县牧业得到了迅速发展。

为呈现彰武县的牧业发展情况，我们可以从牲畜数量和牧业产值两方面来看。从牲畜数量上看，1950 年，全县牲畜②存栏数为 7.2 万头，1960—1980 年间，基本维持在 7.4 万头。1985 年，全县牲畜存栏数约 9 万头，1987 年增至 10 万头。不难看出，确立了以牧为主的生计模式后，县内牲畜数量增加非常快。牧业产值也发生了类似变化。如 1950 年全县牧业产值为 370 万元，1960 年为 450 万元，1970 年为 578 万元，1980 年为 977 万元，1990 年为 9460 万元，2000 年为 36181 万元，2015 年为 616391 万元。需要强调的是，在 20 世纪八九十年代散放散养的牧业发展模式下，超载放牧十分严重。超载放牧带来的直接后果是草地的沙化退化，久而久之，县内的一些草地变成了流动、半流动沙丘。

3. 植树造林与林业发展

由于地处辽蒙交界地带，且位于科尔沁沙地的东南部，所以彰武

---

① 育肥牛即为肉用牛，是一类以生产牛肉为主的牛。肉牛的特点是躯体丰满、增重快、饲料利用率高、产肉性能好。根据本地的自然环境以及市场需求，发展较多的是西门塔尔品种。

② 牲畜主要包括大牲畜（马、骡、驴、牛）和家畜（猪、羊）两大类。

县的生态环境十分脆弱。特别是在干旱等自然因素以及长期粗放式农耕生产和超载放牧等人为因素的影响下，土地沙漠化问题尤为突出。新中国成立以后，在党和政府的领导下，彰武县十分重视植树造林[①]，改善生态环境。1978 年，彰武县被列为国家"三北"防护林工程重点县。根据县林业局提供的资料整理可知，1957—1960 年，共计植树造林 75.36 万亩；1961—1970 年，共计植树造林 87.81 万亩；1971—1980 年，共计植树造林 94.93 万亩；1981—1987 年，共计植树造林 55.36 万亩；2001—2010 年，共计植树造林 102.32 万亩；2011—2019 年，共计植树造林 55.39 万亩。仅从植树造林面积来看，虽然有些年份多有些年份少，但是植树造林工作一直都备受重视。根据县林业局的不完全统计，彰武县的林地面积持续增加。如 1974 年共有林地面积 126.59 万亩，1981 年为 156.4 万亩，1986 年为 190 万亩，2015 年为 211.4 万亩。

　　按照全县林业资源的分布情况，可以划分为五个林业区，分别为北部沙地固沙林区、西部缓丘水土保持林区、东部丘陵水土保持区、中南部平洼农田防护林区和沿河沙地护岸林区。仅从各个林区的名称我们可以看出，彰武县土地沙化最为严重的地区主要位于北部（或者说偏西北部），即科尔沁沙地的东南部地带。综合来看，五个林业区植树造林的首要目的都是防风固沙，改善生态环境。但是内部存在的差别是，西部、东部和中南部地区民众的生存和生活条件相对较好，这些地区植树造林的目的是改善农业生产环境，实现增产增收。而对于偏西北部地区（科尔沁沙地东南部）来说，土地沙漠化已经影响了民众的生存和生活，这一地区植树造林的最首要和最根本的目的是防风固沙，改善生存与生活环境，保护民众赖以生存的家园。

---

　　① 本县属于内蒙古与华北植物区交错地带。新中国成立以前，本县树种较少。新中国成立以后，随着林业生产技术的发展，增添了许多树种，主要树种有杨柳榆、樟子松、油松等。

根据 20 世纪 50 年代初期的调查显示，彰武县北部沙荒（河甸村位于沙荒最为严重的中心地带）面积共有 127 万亩。其中，流动沙丘 10.5 万亩，半流动沙丘 13.5 万亩。[①] 对于这一地区而言，每当季风吹来时（特别是春季），黄沙腾起，庄稼被吞没，草场被淹埋，道路被阻隔，风灾造成了严重的经济社会影响。为了治理风灾，修复生态环境，改善农业生产条件，新中国成立以后，在党和政府的领导下，彰武县开始探索"治沙"经验。据统计，截至 1987 年，北部沙荒地区共计植树造林 46 万亩，治沙面积 15.43 万亩，北部地区内至少有 6 座较大的流动沙丘已被固定住。[②] 毋庸置疑，彰武县北部植树固沙实践取得了较大成效。但是，必须清楚地认识到，彰武县三十余年所营造的 46 万亩树林只占北部沙荒总面积 127 万亩的 36% 左右。这根本无法解决北部较为严重的土地沙漠化问题。加之在植树造林的同时，民众也在从事农业生产活动，改善生态环境与发展生态产业并没有实现很好的融合，所以到 20 世纪 90 年代中后期，彰武县西北部地区的土地沙漠化问题依然十分严峻，植树造林改善生态环境工作仍然是重中之重。这也是河甸村面临"如果不大规模植树造林，改善生态环境，就需要搬走"问题的根本原因所在。

三　县域沙化"重地"河甸村

河甸村隶属于彰武县乡尔镇。乡尔镇位于县域最北部，总面积 137 平方公里，辖 4 个行政村，人口近 6000 人。因为地处科尔沁沙地的东南部，乡尔镇大面积土地属于沙丘，粮食产量偏低。镇内多草场

---

① 彰武县志编纂委员会：《彰武县志》，彰武县志编纂委员会办公室 1987 年版，第 129—134 页。

② 彰武县志编纂委员会：《彰武县志》，彰武县志编纂委员会办公室 1987 年版，第 134 页。

和泡沼，有利于发展牧业。河甸村位于乡尔镇最北部，是彰武县土地沙漠化最严重的地带。根据 2018 年村内统计显示，村庄共有 305 户，836 人。村庄总面积 66150 亩，其中耕地 13300 亩，占土地总面积的20.1%；草地与湿地 14850 亩，占土地总面积的 22.4%；林地 38000亩，占土地总面积的 57.5%。村民主要以种植业和养殖业为生，种植业以玉米、高粱、豆类等为主；主要养殖牛羊等牲畜。

根据前文叙述内容可知，历史上彰武地区为养息牧场，水草丰茂、牲畜成群。但随着养息牧场的全面放垦，山东、河北等地大量外来农耕人口陆续移入。人口移入后，开荒耕种，久而久之，便形成了一个个以农业人口为主的移民村庄。河甸村即为"闯关东"逃荒而来、落难此地的马姓、陈姓和李姓"三大家"① 共同建村。据马姓老人讲述，村内马姓村民均为山东移民而来的后裔。在其已有的记忆中，确定其曾祖父的坟墓就葬在村内。据此信息粗略推断，马姓人家最初来到村庄的时间大概为 19 世纪后期。而由"三大家"共同建村的信息及陈姓、李姓多位老人提供的信息推断，陈姓与李姓人口移入的时间与马姓人口移入的时间大致相同，而这与养息牧场大规模招垦的时间基本吻合。

新中国成立以前，村内人口稀少，植被茂盛。根据徐姓老人提供的信息，20 世纪 40 年代左右，村内共有 12 户人家，由于人口稀少，加之生产力水平有限，当时村内可耕种的土地仅有 50 余亩，剩余均为草地湿地和林地。新中国成立以后，河甸村村民主要以种植业和养殖业为生。种植业主要以玉米等粮食作物为主，养殖方式为"散放散养"。农业集体时期，由于生产力水平的限制，土地开垦速度相对较慢。这一时期，村内实行严格的统一养殖制度，主要饲养的牲畜为牛

① 对于当时的人们来说，"关外"的一切都是未知数。所以很少有人单独行动，一般都是一个家庭或者一个家族中的几个家庭一起结伴而行。

和羊，数量基本维持在 50 头和 100 只以内。包产到户以后，为追逐
利益最大化，村民不仅将大面积草场陆续开垦为耕地，同时也在扩大
养殖规模。这一时期，村内养牛家庭多则饲养 10 余头，少则 1 头，
粗略计算全村共有 300 余头牛，山羊与绵羊共计 400 余只。① 在长期
的粗放式农耕生产以及散放散养式过度放牧等人为与自然因素②的综
合影响下，及至 20 世纪 90 年代中后期，村庄生态环境不断恶化，突
出表现为土地沙漠化面积不断扩大，旱涝灾害频发，等等。据统计，
1996 年，河甸村沙荒地面积共有 7840 亩，林地面积仅有 3307 亩，森
林覆盖率不足 5%，大部分耕地和草地都在沙化退化，湿地面积不断
缩小。③ 就当时而言，村庄不断恶化的生态环境造成了诸多负面影响。

1. 养殖业日渐衰落，种植业收入微薄，村民生活日渐贫困

从整个区域来看，科尔沁沙地属于典型的北方农牧交错生态脆弱
区，区域内养殖业和种植业都严重依赖地区的生态环境，生态环境的
波动和变化对农牧业影响非常大。河甸村草地的大面积沙化退化直接
影响了牧业发展。对于养殖业来说，草料是否充足至关重要。但由于
河甸村所在地区年度和年内降水都不均匀，加之牲畜的大量啃食和踩
踏，草地沙化退化速度非常快，久而久之，原有水草丰茂的草地变成
了流动、半流动沙丘。草地的沙化退化直接影响了村内的牧业发展。
正如村内养殖大户李辉所言：

> 20 世纪 90 年代左右，草地大部分退化了，饲料不足，我们
> 只好把牛羊赶到很远的地方放。一天下来，人累得不行，牛羊也
> 吃不饱。没办法，要么想办法找替代饲料，要么不养了。

① 河甸村防疫员提供信息。此时，村内养牛大户和养羊大户都已出现。
② 自然因素主要体现为降水减少而且变率大，内蒙古通辽市若干旗（县）年降水量曲
线显示，地区 30 余年（1950—1982 年）降雨趋势以每年 8‰—23‰的速率减少。具体参见
吴正主编《中国沙漠及其治理》，科学出版社 2008 年版，第 539 页。
③ 河甸村村会计提供的相关数据和信息。

此外，频繁的自然灾害也造成村内农业减产减收。对于农业来说，降水量、温度、湿度等气候条件的变化直接影响农作物的生长状态，而旱灾、涝灾、风灾等则会直接造成农业歉收甚至绝收。地区自然灾害主要有旱灾和风灾。干旱与风沙紧密交织在一起，风增旱情、旱助风威，频发的干旱与风沙不仅加速地表水分蒸发、破坏墒情、加剧春旱，还携尘带沙、吹跑种子、压死禾苗、扒露根系，给农业生产带来了严重危害。相对于夏秋季节的大风，春季风沙灾害对农业造成的影响和损失更大。对此，村民杨凤兰做出了如下描述：

> 刚种完的地，一场大风就把种子刮没了，成片地都让沙子埋住了。刚出苗的时候也很危险。前一天还齐刷刷的苗，一场大风就没了。哎，没办法。你看吧，一到春天，妇女嘴上总上火起泡，男人不说话，不停地抽烟，家家过得都不好。就拿种玉米来说，一斤种子十几块钱，一场风就都刮没了，哪一年都要种 2 遍以上，最后还都是缺苗断条的，这就是在白花钱啊！如果来得及，秋天会有好收成；要是晚了，就啥都没了。记得有一年，九五年左右，春天下第一场雨的时候，我们嫌早就有 20 亩地没种，后来一直等到 6 月 5 号才下第二场雨，没办法这个时间只能种美葵了。其实，正常年景都算种的晚了，何况那年一直旱。等到秋收的时候，美葵都还没熟啊，可是已经到下霜的时候了，美葵也都冻死在地里了，20 亩地一整年时间就算白忙活了，一到灾年，我们就收不到几个钱。种地苦啊，这种苦和愁真是一点办法都没有，我们这靠天吃饭的地方，能不能有收成就得看老天爷的脸色了，哎，种地都变穷了。（2017 年 1 月，村民杨凤兰访谈记录）

不难看出，生态环境恶化严重影响了村内农牧业发展，造成民众普遍贫困。总结来看，生态环境恶化导致民众贫困主要表现在两个方面：一是生态环境恶化造成农牧业发展基础薄弱，致使农牧业产出下降，经济发展动力不足导致低收入；二是生态环境恶化导致农牧业发展成本提高。比如草料短缺后，民众需要额外购买替代饲料；种子和幼苗被风沙摧毁以后，民众需要多次购买种子重新种植；等等。简言之，生态环境恶化以后，村民可直接获得的收入减少了，但同时投入又增加了，两者结合导致整体性收入降低，民众普遍贫困了。

2. 村庄对外联系受阻，村落歧视现象严重

如果说乡下人自带一股"土气"的话，那么河甸村村民更是有一股浓重的"沙土味儿"。因为他们生活的每个角落都被沙子包围着，经常是饭碗里、炕上、窗台上都覆盖着一层沙子，极端时候，房门也会被沙子掩埋。河甸村是一个因风沙灾害而导致村民出行受阻、村庄与外界联系困难的典型村庄。因为常年遭受风沙灾害的袭扰，2003年没有修通公路之前，村庄通往外界的唯一一条路被"大白梁子"①和"大水泡子"堵住，这给村庄和村民带到了诸多不便。

材料运输困难。从20世纪90年代开始，村内一些相对富裕家庭便开始建造简易瓦房。建造新房本是一件好事，但对于河甸村村民而言，反而变成了一种负担。因为建造瓦房所需要的材料运输特别困难。比如运送建筑材料的车只能走到"大白梁子"处，就走不动了，全部建筑材料必须卸车，需要老百姓通过求助邻里或亲朋的马车再一点一点把建筑材料"挪"回家。

我家瓦房是1994年盖的（简易瓦房，正反两面用水泥抹平，不是现在的各色瓷砖装饰）。当时不管是砖、瓦甚至一个木棍都要求人，赶（驾）马车从大白梁子处往回运。我家建房用了14700块砖，一共求了村里34辆马车，一个车跑两趟，共往返4

_____

① 即一个高约20米、宽约2公里的大沙坡。

次，才把砖运回来，真是不容易，现在都不敢想。你看吧，瓦、水泥等材料也都是马车一点点运回来的，已经记不得求多少次人了。要是没有亲朋好友和邻里帮忙，我的房子也就盖不起来了，你们小年轻孩子现在都不能明白，以为我说的都是吓唬人的，当时真是太难了，盖一个房子真是太不容易了。现在看看，谁家盖房子，都是用大货车把材料运到家门口，过去和现在简直不能比。（2017 年 1 月，村民白力强访谈记录）

市场交易中"被欺负"。因为交通闭塞，河甸村在市场交易过程中也受到很多特殊"待遇"，这在当时已经成为一条"不言自明"的法则。在 2003 年没有修通公路之前，村庄农副产品无法运出。如果人们出售农副产品，只能求助邻里马车绕远路到镇上。可是，当人们听说他们是交通不便的河甸村村民时，就会故意将农副产品收购价格降低 2 分钱左右。对此，村民都已习惯并"坦然接受"。因为对于村民而言，"大动干戈"地求助马车拉到镇上后，就不得不全部卖出去，再拉回来反而还要赔钱，更不划算。镇上的"老板们"也都知道这一情况，明里暗里都在压低价格。购买肥料遭故意提价也是常有的事情。一般村民都是结伴去附近县城购置肥料，雇车运回。同样的肥料，一听说是运到河甸村，运费就要多加 2 分钱，而且大多数人不愿意去。愿意去的也不保证将肥料送到家里，而是强调在沙土路上能走多远就走多远。一般到大白梁子和大水泡子处，车子就无法走了，剩下的距离，村民只能求人将肥料一点点运回。

学生辍学成常态。相对于一些富裕地区而言，科尔沁地区民众普遍比较贫困，人们的教育观念也不是很强烈，适龄青年辍学更是常有的事情。除了经济条件直接导致学生辍学以外，恶劣的生态环境也促使一些学生主动"弃学"。河甸村就是一个典例。20 世纪 90 年代以前，村内学生需要到镇上就读。从前文叙述可知，从村到镇上，有一个大水泡子和大白梁子，学生们需要绕路行走。相对而言，冬天路会好走一些，因为水泡子结冰，学生们可以滑冰过去，但是冬天的刺骨寒冷也很难忍受；春天漫天黄沙，学生上一天学回家，脸上、衣服上、书包里都是沙土；夏天和秋天，既没办法滑冰又有风沙，一些不愿绕路的学生就蹚水上学。但是到秋天，气温变冷以后，蹚过水的学生小腿经风一吹，会裂出一些小口子。艰苦的求学环境，导致村内很多学生辍学。

> 哎呀，别提上学的时候有多苦了。一到春天，就开始刮沙子，只能顶着大冒烟风往学校走。夏天一下雨，路就更难走了，又泥又水的。秋天时候，泡子里面水凉了，为了赶近路，就蹚水过去，蹚过去以后还要走沙坨子，这一会儿干一会儿湿的，慢慢小腿都裂了。好像冬天好一点，能从冰上走过去，但是冬天早晨冷啊，冻得龇牙咧嘴的。人都有爱美之心，小姑娘就更别提了。我们当时上学，整年都把袜子揣在衣服兜里的，等蹚过水泡子，翻过沙坨子，到学校门口用手把脚擦干净以后，再把袜子穿上，这才总算是穿着好看的袜子上学了。放学也是一样，要把袜子脱下来，如果不脱下来，从学校走回到家，一双袜子就都磨破了。上学的时候真是太苦了，我初中读了一年，就不读了。不读了清闲，不用遭那么多罪了。（2017年1月，村民陈丽访谈记录）

不难看出，河甸村不断恶化的生态环境造成的影响是多方面的。一方面生态恶化直接造成农牧业减产，收入降低，民众贫困；另一方面又严重影响了人们的日常出行与对外联系。两个方面汇合后，河甸村又被贴上了交通闭塞、环境差、贫穷等负面标签，这一负面标签又引发了诸多歧视问题。比如，实地调查中了解到，在没有进行植树造林、改善生态环境以及发展生态产业之前，很多人都不愿意把女儿嫁到河甸村，村内男孩普遍面临娶不到媳妇等难题。

就当时来看，科尔沁沙地局部生态环境恶化、部分村庄民众生产生活受到影响不是个别问题，而是我国不同类型生态脆弱区共同面临的普遍的生态与发展问题。从国家层面来看，随着北方农牧交错生态脆弱区生态环境问题的日渐突出，党和政府也高度重视这一地区的生态治理工作。为全面了解北方农牧交错生态脆弱区生态环境问题以及生态治理工作的进展情况，国家相关部门陆续派出考察组赴这些地区实地调查。而作为生态环境治理重地的科尔沁沙地自然也在国家考察组的重点考察范围之内。1996 年春季，国家考察组深入科尔沁沙地（彰武县土地沙化严重的西北部在此范围内），经过实地考察，认识到当地生态环境恶化问题比较严重，如果村民继续延续已有过度的农业开发行为，当地生态环境恶化速度会越来越快，而且越来越严重。考察组同时做出预测，如果不治理持续恶化的生态环境，几年后很可能面临"风沙把人撵走"的危险。对此，考察组建议地方政府高度重视植树造林改善当地生态环境这项工作。

虽然国家考察组做出了"如果不治理生态环境，面临风沙把人撵走"的危险以及建议地方政府高度重视植树造林改善生态环境工作，但事实上，当地生态环境还没有恶化到"民众不能居住，必须马上搬走"的地步。而不论是从考察组给地方政府的建议还是笔者通过实地调查了解到的情况，都表明当时当地的生态环境依然可以满足民众生存、生活和发展这一基本条件，之所以要重视恢复植被也意在减缓生态恶化速度，避免出现"沙进人退"的被动局面。

即便如此，对于国家考察组给出的"沙化严重地带需要植树造林改善生态环境"的工作建议，彰武县政府也给予了高度重视。为了加紧工作步伐，凸显植树造林改善生态环境工作的重要性和紧迫性，彰武县政府强调"如果沙化严重村庄不积极植树造林改善生态环境，那么生态环境恶化后这些村庄就必须搬走"。对于是选择"留村"还是

"搬走",地方政府要求沙化严重村庄必须在短时间内做出决定并给予政府明确答复。我们可以看到,虽然地方政府给出的是沙化严重村庄可以决定"留村"或"搬走"这一选择题,但是地方政府更倾向于沙化严重村庄"选择留下来植树造林改善生态环境"而不是"选择一走了之"。之所以附加"不治理生态环境就要搬走"这一压力,也是地方政府"吓唬"沙化严重村庄的一种策略而已,最终目的还是让这些村庄快速决定并积极组织民众开展植树造林改善村庄生态环境这项工作。

由于河甸村位于县域土地沙化最严重的地区,所以村庄当时也面临着"留在村庄继续生活,积极植树造林改善生态环境"还是"消极等待生态环境恶化后必须搬走"这一选择压力,并且村庄必须在短时间内向上级政府回复他们"如何决定"以及"他们的决定是什么"。正是在地方政府给出的"留村"还是"搬走"这一压力下,河甸村村干部开始全面评估植树造林改善村庄生态环境到底具备多大成功概率以及是否选择"留村护家"这一重要问题。

第三章　村庄精英合作决策
"留村护家"

当科尔沁沙地局部地区生态环境恶化、民众生产生活遭到一定影响时，地方政府要求沙化严重村庄大规模植树造林改善生态环境，否则生态环境继续恶化后就必须搬走。在"留"或"走"的压力下，沙化严重村庄面临着"何去何从"这一道路抉择难题。为了改善生存环境进而缓解生存压力，河甸村村干部在综合考虑地区生态条件与资源禀赋，充分反思早期生态治理实践的基础上，合作决定继续留在村庄生活，通过植树造林保护他们赖以生存的家园。其间，村庄精英如何思考、如何合作决策等问题受到政府和相关政策建议的影响，需要将其放置在具体的、特定的情境下予以把握。

一　地情条件的再认识与再定位

相对于"外来者"而言，长期置身于特定区域内的当地人对本地生态环境有着深刻认识。对于河甸村的生态环境到底发生了怎样的变化，不断变化的生态环境能否满足树木成活的基本条件等地情条件的再认识和再定位问题，村干部召开了多次会议进行讨论。其间，掺杂着诸多分歧和争议。通过对多位村干部及村民的访谈，笔者将重点还原他们产生分歧、消除分歧等多个动态现场。

（一）分歧与争议："没有定论"的首次会议

一直以来，有关树能否栽活等大大小小会议的主导者均为河甸村村支书董勇。对于"树能不能栽活"这一问题，董勇一直持肯定态度，并试图得到其他人的认可。但因为董勇的行事风格、说话态度等都较为强硬，其他村干部早已对其心存不满。这也为第一次会议中出现的分歧和争议埋下了伏笔。

1996 年春季，面对地方政府给出的"留"或"走"这一选择压力，河甸村村干部积极组织召开会议，共同商讨植树造林具备多大成功概率这一问题。但不幸的是，第一次会议开到一半就不欢而散了，有关"树能不能栽活"的问题没有定论。实地调查中了解到，除了村支书以外，几乎所有当时参加会议的人员都将第一次会议定性为失败的，并将失败的原因共同指向了村支书。正如他们所言："栽树是一件大事，一些问题需要详细讨论，不能草率决定，但是村支书却想自己说了算，不给其他人说话的机会。"因为村支书一贯以来的雷厉风行、速战速决的工作作风让参会人员心里都不舒服，结果就出现了一部分人想说话被村支书立马打断、一部分人干脆不说话、一部分人借由中途离开等情况。因为一部分人的离开，剩下的人也有了各种各样的情绪，最终出现会议无法继续、大家不欢而散的尴尬场面。根据对村会计的访谈内容，笔者将分歧和争议最为激烈的第一次会议现场还原如下：

村支书：今天大家说说树能不能栽活！反正我觉得能，这是肯定的。时间紧、压力大、任务重，不用浪费太多时间说了。你们说是不是？（不给其他人说话的机会）很简单，就举手表决树能不能栽活吧，说太多没用！

村主任：说细一点，耽误不了太多时间。这些年眼看着村里环境变差了。

村会计：老董，得说一下。时间再紧，也得想好。你看，大水泡子都变小了，栽树浇水是个大问题，得认真，不能随便说差不多就行。

村支书：环境变坏是肯定的，要是不变就是瞎扯淡！（众人沉默）

妇女主任：所以说，我们说细一点，这样以后就好办了。

委员：书记，可以说细一点……（话说一半被村支书打断）

村支书：听这意思，我都不如你们？你们看到了环境变化，我就没看到？我又不傻，环境变没变，我没长眼睛看到吗？

妇女主任：你看你，大家没这意思，要是这样，这嗑就没法唠下去了。

（众人表示同意）

村支书：那啥意思？看来你们懂？这都火烧眉毛了还哪有闲心扯这些没用的？就说能不能栽活？要是能栽活，小问题以后再说！现在要是不赶快决定并告诉政府要不要栽树，环境再继续变差的话，咱们就得滚蛋搬到别地儿去了！

（众人沉默）

村主任：知道时间紧、压力大，大家都想保险点，没有抬杠的意思！

此时，村支书态度很差，村会计和村主任简单敷衍缓和气氛，其他人不说话，场面失控……众人无法正常交流，大家不欢而散，约定下次开会时间。（2017年1月，根据村会计白桦的访谈记录1整理而成）

对于首次会议产生的分歧与争议，村干部表达了他们各自的想法。从村支书的角度来看，面对政府给出的选择压力，他们（村干部）必须在短时间内敲定留下来植树造林这件事并给政府准确答复，后续的相关事情可以在过程中慢慢摸索。而事实上，村支书非常确信树木可以栽活（认为不应该把时间浪费在继续讨论"树能不能栽活"的问题上）并对改善村庄生态环境这件事持积极乐观的态度。但从其他村干部的角度来看，栽树毕竟是"大事"，即便时间紧、压力重，也需要把是否留下来植树造林的前前后后相关事情都详细讨论一下，以免后续实践中陷入被动局面。不难看出，村干部之间存在分歧和争议的是"需不需要详细讨论栽树"而不是"树一定不能栽活"这一问题。客观而言，虽然首次没有定论，但也或多或少触及了"树能不能栽活"的一些核心问题。比如，需要从整体上把握村庄生态环境发生了怎样的变化，变化后的生态环境能否满足树木成活条件、栽树一定要考虑浇水问题，等等。

（二）消除分歧：明确生态条件基本达标

经过了一个晚上，村干部的情绪似乎都平缓了很多，第二天上午陆续在约定时间前来参加会议。村支书和村会计比其他人来得早一些。根据对村会计白桦的访谈得知，村会计与村支书两人年龄相仿，私下往来频繁，两人关系很好。在村会计看来，村支书为人正直，但脾气不好。村支书在前一天会议上说出来的话不是针对谁，而是每当遇到时间紧、压力大、任务重的事情时，他都看不惯其他人"拖拉"，他是个心直口快的人，但没什么恶意。

在其他村干部没有到来之前，村会计以"老搭档"甚至是"老朋友"的身份提醒村支书前一天会议上的做法不当。根据对村会计的访谈得知，首先，村会计指出村支书前一天会议上的态度不好，表现出的一系列行为简直就是"无理取闹"，在场的其他村干部心里都"不得劲儿"（舒服）。其次，村会计强调核心村干部之间合作的重要性。正如村会计所言："说句不好听的，当时扛事的就三个人（指村支书、村主任和村会计），政府怪下来，其他村干部可以'撂挑子不干'，但他们三个不行。"最后，村会计建议村支书在当天会议上认真检讨。在村会计看来，经历了第一次会议的不愉快，村干部之间的关系有些微妙。所以，村支书在当天的会议上要好好说话，友善讨论，笼络人心。

或许是村会计的话语触动了村支书，或许是经过一个晚上，村支书对其前一天的行为有所反思，又或许是村支书设想了如果其他村干部"撂挑子不干"后的利弊得失，不论出于何种原因，会议开始后，村支书的行为有了很大转变，就自己前一天的态度和行为进行了"希望大家见谅"的简单"检讨"，并且明确表示尊重其他村干部意见，详细讨论"树能不能栽活"这个问题。根据对村会计的访谈内容，笔者将具体的讨论内容大致还原如下：

> 村支书：人都到齐了，我昨天态度不好，大家见谅！你们说得也对，时间再紧，压力再大，也得把情况都想到，说细一点，免得后面麻烦。
>
> 村会计：老董今天态度好，我们可以随便说了，哈哈哈！
>
> 村支书：那就开始说，咱们都好好想想咋样才能栽活树？
>
> 村主任：浇水是大事，咱这儿十年九旱的，栽完以后的浇水问题得考虑！
>
> 村会计：说得对。你看（20 世纪）70 年代之前，咱们都是喝"泡子水"的，下地干活根本不用带水，口喝了，就挖坑喝水。现在虽然说是打井喝水了，但是明显感觉水位下降了，至少3、4 米甚至更深才能打到好一点的水喝。
>
> 村支书：浇水确实是大事！要是赶上春天旱，山坡上又打不出来水，那就麻烦了。这个问题得重视，得（提醒村会计）重点记一下。

村会计：我们还得想想沙土地上到底能不能栽活树？

村支书：我想过这个问题，栽树肯定没问题。我不知道大家平时有没有注意过，在山坡上挖一、两铁锹土以后，还是能看到湿土的。

村主任：春天要是不下雨，就得挖深坑、多浇水，要不树根本栽不活。

妇女主任：那要是不下雨，可就要费劲儿了。

委员：那就要费劲儿了！

村支书：先不想这些难事儿，兴许春天就下雨了，也省事了。现在是，就算春天不下雨，只要咱们挖深坑，在沙土地上也能栽活树，都同意吗？

（众人表示同意，但是强调工作难度比较大）

你们上次说，咱们村环境变差了，这个问题不能这样说。变差肯定是的，那得分时间段看。我听家里老人说，咱们这建国以前就有十几户人家，剩下都是大草原和大水泡子，只能在荒一点的地方刨地种。别说草和树了，就是蛇啊啥的也多，他们根本不敢一个人出门。我们想想要是环境不好，动物和植物咋能这么多？不说远的，七几年我当小队长的时候，每年秋天都得组织大家打草。那时候的草都半人高的，得买新刀才行。所以说，咱们这原来的环境不差。要是说环境变差了，也是八几年以后的事儿，那时候大家不受约束了，也都不管不顾了，所以草和树啥的都慢慢给毁了，土地也慢慢不行了。

村会计：我同意老董说的。我们当时一起组织老百姓打草，一天下来，都是腰酸背痛的，那些不会干活的小年轻手上都是血泡。

还有一个问题，咱们要栽啥树？现在都说樟子松好，但要是出去买，也是一笔大花销，估计咱们没有这个钱！

村支书：樟子松就不想了，没有钱买那个高级的，咱们就把山上的大杨树枝砍回来，自己育苗，就栽本地杨（树）得了。

（2017 年 1 月，根据村会计白桦的访谈记录 1 整理而成）

不难看出，讨论内容几乎谈到了有关"树能不能栽活"或者说"怎样才能栽活树"等需要特别注意的诸多核心事宜。首先，村干部相对客观地认识到了村庄生态环境的变化情况，说明了不同时段内生态环境呈现出的特点：（1）1949 年以前的生态环境良好。村内多位 80 岁以上老年人提供的信息也印证了村干部所说的真实性。根据村内多位老年人的描述可知，1949 年以前，人们只能在植被稀疏地带开垦出来一些耕地，而从已经开垦起来的耕地和周边的植被分布情况来看，呈现出的是这样一番景象，即庄稼与草、树、蒿类等植被交织在一起。如果以断断续续种植的小块庄稼为中心，逐渐向外看，长在庄稼外圈的植被或是青草，或是树木，或是蒿类。虽然不同植被的具体分布位置不同，但都以块状圈层的形式包围在庄稼之外。繁茂的植被和丰富的水源为动物提供了理想的活动场所。当时野鸡、野兔、黄羊、蛇等动物随处可见，人们经常能在水泡子附近植被茂密的地方捡到各种动物产下的蛋。（2）20 世纪 70 年代左右，村内生态环境仍然维持较好状态。正如村干部强调的"村内组织打草实践都需要购买新刀，即便如此，大家都累得全身酸痛"。而一些村民所提供的当时"晒干后的草垛子如同小山丘一样，一个挨着一个"等信息也印证了当时植被茂盛情况。（3）包产到户以后，村庄生态环境逐渐恶化。正如村干部所言，随着人口增多，开荒力度增强、牲畜数量增多。长期的开荒耕种破坏了大量植被，加之干旱和风沙侵袭，这些耕地的地力不断下降，最后变成不毛之地。又由于超载放牧严重，牲畜的频繁踩踏和啃食严重破坏了草场，土地日渐沙化，固定半固定的沙地也慢慢变成了流动沙丘。其次，村干部也重点关注了在沙土地上栽树的可行性、栽种树木过程中如何浇水以及选择栽种何种树种等重要问题。

基于对当地生态环境变化情况的认识以及对植树造林相关事件的综合考虑，村干部最终就"树木可以栽活"问题达成了共识。正如他们所言：本地生态环境虽然在恶化，但仍然可以满足树木成活的基本条件。具体表现在四个方面。一是原有植被生长茂盛。20世纪80年代之前，村内半人高青草随处可见，蒿类、乔灌木等植被较为茂盛。这间接说明了生态环境可以满足植被生长的基本条件。二是水资源相对充足。20世纪80年代之前，村民挖10—20厘米土坑便能见到地下水。由自然降水累积而成的水泡子水量十分充足。当时村内共有三个1000亩左右的水泡子，平均水深2米左右，基本满足了牲畜饮用及部分农业生产用水的需求。20世纪90年代中后期，即使村内大水泡子面积在逐渐缩小，但小水泡子仍然能发挥浇灌树木等用水功能。三是土壤条件基本达标。流沙土质含水性较差，如果将树苗直接插入沙土里，树苗必死无疑。但刮掉表面20厘米左右浮沙后便可以见到湿土层，见到湿土后再挖坑栽树可以提高树木成活率。四是本地树种的成活率较高。本地杨树种具备耐寒、耐旱、耐贫瘠等特点，适合当地的降水量、温度、湿度、土壤等条件，栽种过程中不会出现"水土不服"问题。

不难看出，在长期的生产生活实践中，村干部对本地生态环境的整体性变化情况以及水草等资源使用过程中的若干细节都有相对准确的认识。不同于官方的统计数据和精细化的话语表述，村干部对当地生态环境的变化情况是通过"旱与涝""灾年与丰年"以及"动植物的多与寡"等方式加以判断和把握的，他们对生态环境变化的认识大部分来源于直观的生产生活实践层面。针对家乡特殊的自然条件及其变化特征，他们熟知并掌握着何种物种生命力较为顽强，能够适应生存，何种树种较为脆弱，将被自然淘汰等"气候变化—植被生长"以及何种物种高度契合村民的实际需求等"物种遴选—社会需求"等地方性生态知识①，这些地方性知识在实践中具有重要作用。由此可见，在地方生态治理与环境保护实践中需要积极调动当地人参与协商和规划的积极性。②

二 早期生态治理实践的反思

植树造林不仅需要考虑地情条件，也要重视技术和组织管理问题。明确本地地情条件基本达标后，村干部又对早期生态治理实践进行了反思。相比之前，此时村干部关于"植树造林经验与弊端"的讨论过程比较温和。

（一）"植树防沙"的经验

新中国成立后，我国农村面临着一系列生态环境问题。③ 随着国内政治、经济与社会格局的稳定，党和政府开始有意识地关注农村生态环境保护工作，先后号召"普遍造林""植树造林，绿化祖国""在我国水土流失和风沙严重地区循序渐进的植树造林"等。然而，在 1958—1960 年"大跃进"发展战略下，人民群众大炼钢铁，给农村生态环境带来了较大压力。1966 年，"文化大革命"爆发以后，由于片面强调"以粮为纲"，农村地区的毁林、毁牧、开荒等现象不断出现，农村生态环境出现了恶性循环。④ 为改善农村生态环境，改善农业生产条件进而提升粮食产量，党和政府逐渐重视农村生态环境保护工作，同时强调植树造林的重要意义。由于地处科尔沁沙地土地沙

---

① 闫春华：《环境治理中地方主体互动逻辑及其实践理路》，《河海大学学报》（哲学社会科学版）2018 年第 3 期。

② 王晓毅：《互动中的社区管理——克什克腾旗皮房村民组民主协商草原管理的实践》，《开放时代》2009 年第 4 期。

③ 曲格平：《中国环境保护事业发展历程提要》，《环境保护》1988 年第 3 期。

④ 周学志：《中国农村环境保护》，中国环境科学出版社 1996 年版，第 127—129 页。

化严重地带，彰武县历来都比较重视植树造林工作，具体分为营造农田防护林和固沙造林等项目。

20 世纪 70 年代初期，在国家号召、县农林等部门的带领下，为减轻风沙灾害，改善农业生产条件，河甸村响应号召并启动了农田防护林带的营造工作。在人民公社制度下，生产大队总体上把关，具体工作任务则划拨到生产队。就这样，工作任务经过层层分解逐级向下划拨，最终责任到小队长身上，小队长负责组织社员按时完成工作。

当时，董勇书记和白桦会计是以小队长身份组织村民营造农田防护林工作的。两人全程参与了农田防护林带的规划、组织、实践等环节，与他们两人年龄相仿的村主任等其他村干部也以普通社员身份参与了植树造林工作。基于前期共同的实践经历，村干部在植树造林具备多大概率等后续的多次会议中进行了充分的交流和沟通，并总结出了三条宝贵的"植树防沙"经验。

一是掌握了如何根据实际情况设计林带宽度。研究表明，林带的防风距离和防风效率与林带宽度并不成正相关。也就是说，不是林带越宽、防风距离越大，防风作用越好；相反，林带过宽，防风作用反而会降低。这是因为林带越宽，透风系数越小，不仅占地多，还会出现紧密结构的缺点。当然，林带过窄，透风系数过大，也达不到控制风害的作用。林带宽度的确定需要综合考虑防护距离、防风效率和占地比例三个条件。[①] 从村干部下文对话内容可知，作为小队长，他们当时确实不熟悉如何设计林带宽度等相关的专业知识和技术要领，但却在实践中逐渐明白了"林带既不能太宽也不能太窄"的道理，而村庄"5 行杨树为一个林带、带宽 100—150 米的格局"确实发挥了很好的阻挡风沙的效果。由此可见，村干部对林带的规划基本符合当地

---

① 黑龙江省营林局造林处：《造林技术手册》，黑龙江科学技术出版社 1982 年版，第40—57 页。

的实际情况。

> 村支书：咱们之前造过林，有一些经验，这个值得拿出来说一说。

> 村主任：你俩（指村支书和村会计）多说点，我们听着！

> 村会计：这个说得倒是。当时不容易，咱俩（指村支书）可以多说点，你们也说说，不也一起造林了吗？都一起说说。

> 村支书：不管咋说，咱们在之前的经验中知道咋样设计林带宽度了，这是优势。以后要是造林，这些都不是问题了。

> 村会计：对。村里的土地有长有短，当时为了设计林带宽度，还真是费了劲。现在我都觉得当时不考虑土地长度，以100—150米宽为界造林带是对的。

> 村支书：一个庄稼人，当时也不知道咋造。好在慢慢明白林带不能太宽太窄。说白了，太宽和太窄都挡不住风。现在看，当时造得比较合理，确实保护了庄稼。（2017年1月，根据村会计白桦的访谈记录2整理而成）

二是掌握了如何根据害风巧妙设计林带方向。林带的方位和走向是否合理直接影响林带的防护作用。一般认为构建四面都能挡风的林带网，不必考虑林带走向的看法有失偏颇。实验观测显示，当林带走向与风向垂直时，防护距离最远。因此，根据因害设防的原则，农田防护林带应该按照垂直于害风①的方向设置。频率最大的害风为主害风，频率次于主害风的称为次害风。垂直于主害风的林带称为主带，与主带相垂直的林带称为副带，主带和副带相互交织构成林网，能有效防止害风危害。从村干部下文对话内容可知，当时他们只知道"沿

---

① 害风具体指对农业生产造成危害的风，一般为五级以上，等于或大于8米/秒的大风。

着西北风和东南风的方向用步子丈量出一个大致参考范围，然后再设计林带方向"。虽然他们设计出的林带不是精准的垂直方向，但基本能挡住害风。

　　村支书：这里西北风和东南风多，咱们几个（当时小队长）天天在脑子里琢磨林带咋造这件事儿。当时就想，造的林带得把风挡住，要不就白忙活了。

　　村会计：记得当时刚一到中午吃饭的点，老百姓一哄就都跑走了。咱们一般都是最后走，有时候干脆就不走了，让哪个亲戚朋友家的孩子送口饭过来。吃完以后，利用中午安静的时间，一遍一遍地走，用步子反复量，琢磨着咋样设计林带方向。最后真琢磨出咋样造挡风林带了，算是没有白费功儿。

　　村会计：你们几个当时也看到了，这是实打实做出来的事儿，不是我们自己邀功、吹牛的。（示意在场的村主任等人）

　　村支书：这是个好的经验，以后可以直接用起来了。（2017年1月，根据村会计白桦的访谈记录2整理而成）

　　三是掌握了如何实现林带与耕地之间的有效适应。林带胁地的主要原因是树木根系的扩展与农作物争夺水分和养分。树木根系延伸的范围一般为树高的1.5倍左右。林带遮荫对农作物有影响但并不显著，因此应结合林木保护，在距离林带2米处的地方挖沟断根，挖沟时间一般选在伏季较好，这能有效地防止断根处荫蘖再生。对于河甸村的村干部而言，他们深知林带胁地的危害，但受到农作物生长周期的限制，一般选择8月份左右开展挖沟断根工作。经验是在树木生长两年左右，挖断树木延伸出的部分根系，缓解林带胁地的危害。

　　村会计：咱们都是庄稼人，造林是为了挡风，多收点粮食。当时很清楚，树会胁地的，搞不好，庄稼都胁死了，林子就白造了。

村支书：说的是，当时还是天天琢磨的。不说别的，咱们已经知道了 2 年左右就得挖树根、咋挖根，知道了林带咋样造能保护庄稼不胁地。这个很重要。（2017 年 1 月，根据村会计白桦的访谈记录 2 整理而成）

通过对早期植树防沙实践的回顾，村干部确信掌握了如何设计林带宽度、方向，以及如何实现林带与耕地较好适应等方面的经验技术。经验技术是村干部在具体的生产实践中总结出来的，是以实践经验为前提的。这种经验技术的最大优势是贴合农村实际，并且具有较强的适用性。实地调查中了解到，这些经验技术的掌握极大地增强了村干部"留村护家"的工作信心。

（二）"消极怠工"的教训

村干部在总结经验的同时也认识到早期生态实践中的"消极怠工"教训。

首先，他们较为客观地谈到了人民公社时期集体劳动中普遍存在的"磨洋工"现象。回顾人民公社时期的植树造林工作，河甸村村干部认为，虽然大部分社员出勤一窝蜂，但干活磨洋工，他们并不关心在哪里栽树、树能不能栽活等问题，他们每天按时出工劳动的主要目的是赚工分。正是因为社员的这种劳动状态和劳动心理，即便每年大面积造林和重复补栽树苗，但树苗的成活率依然很低。对此，他们认为村庄后续植树造林工作一定要讲究劳动效率。

村支书：别提当时是咋样偷懒的了，一提这事儿，我就气不打一处来。老白你说说吧，这个不好的也得说说，这是教训，得注意。

村会计：我也生气。记得当时早晨听到上工铃后，老百姓就扛着铁锹出门了。你看吧，一两个小时以后，就有人开始大说大笑，说激动就干脆不干活了，拄着铁锹抽烟、唠嗑。

村支书：对。他们唠嗑好像还有理了，你一喊他，就不乐意了。没办法，只要不是太过分的，只能睁一只眼睛闭一只眼睛，看着就生气！

村会计：一坐一上午的人，咱们还得扯着嗓子喊。喊完以后，还是慢腾腾的，真想上去踢他一脚！当时喊得嗓子都疼，那也没用，大家都在磨。那时候大家只花费一半力气就能应付一天工作，工作效率是真低，树也栽不活几棵。

村主任：当时都那样，谁都想躲清静，不是一两个人的问题。

村支书：对，谁都不傻，当时挣得差不多，干得好的也分不了太多好处，那就只好磨了。一天能干完的活，得花两天以上才能干完，一点办法没有。（2017 年 1 月，根据村会计白桦的访谈记录 3 整理而成）

村干部根据亲身实践经历形象地描述出了 20 世纪 70 年代集体植树造林中的"磨洋工"现象。根据对村干部的访谈得知，在人民公社初期，社员的积极性较高，甚至还抢干义务工，"磨洋工"现象较为罕见。但由于农村人民公社是建于"一大二公"基础上的"政社合一"的集中管理制度，遵循着近乎绝对平均主义的分配制度。国家虽然像对城市单位一样向生产大队下达行政指令和生产计划，但始终没有对社员承担起分配上的义务，也没有在农村实行超出赈灾和救济范围的福利制度和社会保险。① 加之公社对农副产品几乎垄断的"统购统销"，过于集中的生产和劳动经营管理制度，对社员在择业、迁徙

---

① 沈延生：《村政的兴衰与重建》，《战略与管理》1998 年第 6 期。

等方面做出的超经济的严密控制等都严重地打消了社员的积极性①，可以说，现实与理想之间的巨大反差解构了社员对公社发展前景的心理预期，也挫伤了他们的能动性和内在动力。② 到了人民公社后期，社员逐渐认识到即便努力干活，在年终核算工分时，也只能分得勉强维持生活的粮食，甚至有时分得的粮食还无法满足家庭的基本生活所需。③ 因此，在社员认为"劳动好坏都一样"④ 的情况下，集体劳动中"出工不出力"和"偷懒"等现象更是不计其数。就当时来看，植树造林作为一项公共事务，既不能给社员带来直接的好处，更无法从根本上激起他们的劳动积极性，所以他们只能采取"磨洋工"策略。

其次，他们直接指出了国家大型造林工程中村民"消极散漫"的劳动状态。1978 年，国务院颁发了《关于在三北风沙危害和水土流失重点地区建设大型防护林的规划》。规划的下发，拉开了三北防护林建设的序幕。1991 年，为加大治理荒漠化的力度，国务院又颁发了《国家防沙治沙规划纲要》。至此，我国有了防沙治沙专项条例，防沙治沙工程也进入了有计划、有步骤的快速发展阶段。在此背景下，科

---

① 张乐天：《告别理想——人民公社制度研究》，上海人民出版社 2012 年版；辛逸：《试论人民公社的历史地位》，《当代中国史研究》2001 年第 3 期。

② 刘娅：《目标、手段、自主需要：人民公社制度兴衰的思考》，《当代中国史研究》2003 年第 1 期。

③ 人民公社制度下，配给制与工资制是社员主要收入来源。但由于个人没有可获得或可预期的固定性私人收益，而相对稳定的配给与工资又不能与劳动投入所预期的收益相匹配，结果在高度平均主义的分配制度下，社员对待集体活动的积极性也就变得越来越弱，集体劳动中出现的"磨洋工"现象也就不难理解了。

④ 这也体现了人民公社制度下集体劳动中严重缺乏"选择性激励"。按照奥尔森在其重要著作《集体行动的逻辑》中的说法，这种激励之所以是有选择性的，是因为只有对每一个成员"区别对待"和"赏罚分明"才能彰显成效。具体来看，"选择性激励"（Selective Incentives）包括正面的奖励和反面的惩罚，对于参与集体行动的成员实施奖励，而不参与者或不作为者进行惩罚，只有在两者相结合的基础上才能调动参与者的积极性并抑制不参与者的越轨行为，从而避免集体行动的困境。而就人民公社集体造林而言，由于缺少这种"选择性激励"，既不惩罚植树造林工作中的"磨洋工"行为也不对其中的积极分子加以奖励。久而久之，大部分社员都认为"劳动好坏都一样"了。

尔沁沙地的荒漠化治理也得到了国家的高度关注。河甸村位于沙地沙化严重地带，特殊的地理位置和严峻的生态恶化事实促使村庄的植树防沙工作同样得到了党和政府的高度关注。1993 年，国家主导的大型生态林工程落地村内。工程采取国家主导（做规划和出技术等），地方政府负责，县林业局统筹规划，群众出工劳动的组织模式。实践中，董勇、白桦等村干部目睹了造林工程的"组织不力"和"监管不严"弊端以及村民普遍存在的消极劳动状态。对此，他们认为村庄后续植树造林工作一定要重视组织与管理工作。

　　村支书：造林工程一共雇了村里 80 多人，差不多一个月才造完。咱们当时都一样干活，政府还专门派个人（镇政府称为监督员）看着。工程看起来挺吓人，但实际效果不好，大家心知肚明，都在想法应付。

　　村会计：对。开工的前几天，他还每天按时点人数，跟着看着。一周以后，就累完了，迟到早退的。大家当时也是跟着他的时间来。那时候，我记得有些人干脆半天就不去了，去的也不咋好好干活。你看吧，没干一会儿工夫，胆大的就三两个一起拐到僻静处抽烟、唠嗑去了，胆小的一直忙活着，但半天下来，也不见栽完几棵树。你们当时也都造林了，说说当时咋那样呢。

　　其他人：（笑着不说话，基本上默认了村支书和村会计所说的状态）

　　村支书：当时人们都是在应付，不好好挖坑也不好好栽树，那时候树基本不活，太散漫了，国家白花花的钱，都打水漂了，看着一点办法没有。

　　村会计：当时雇的人太多了，咱们也是去干活的，哪有闲时间管其他人干得咋样？当时栽的树基本不活，大家都是一种应付任务的思想，这个确实都是看在眼睛里的。（2017 年 1 月，根据

村会计白桦的访谈记录 3 整理而成）

透过村干部的对话内容可知，作为国家大型造林工程的一名被雇用者，村民既想赚到工资，又不愿意付出劳动，同时要确保自己的行为不能太出格。于是，他们便在敷衍了事中提高工作速度，结果挖浅坑、水浇不够等问题大量出现。按照当时的要求，工程在预期的时间内完成了，村民也拿到了工资，但是真正成活的树木却很少。"春天忙一阵儿，夏天绿一会儿，秋天剩根棍儿"几句流传在当地的话语更是形象地讽刺了当时国家造林的情况。对此，村干部认为国家造林工程效果不理想并非当地生态环境太差而是组织管理不善问题。

值得肯定的是，村干部基于实践经验总结出的组织管理不善问题恰恰就是学界讨论和反思的科层化组织模式弊端问题。具体来看，在大型造林工程中，造林实践严格遵循着"自上而下"的行事逻辑，并依托科层体系来执行。这种科层体系是一种技术官僚结构，是权利和技术相结合的产物，具备组织化和制度化的技术人员队伍，各种实践功能的工具、仪器设备、经营管理技巧和各种手段体系等具体特征。① 正是因为这种主要依赖于自上而下的"压力传导"与"层层加码"的任务分解方式贯彻执行，所以在国家主导的大型造林工程最终落地村庄时，难免出现相互推诿的组织软弱松散和组织目标偏离②等问题。

对于国家大型造林工程中出现的组织管理弊端，河甸村村干部认为，村庄后续植树造林工作必须加强组织管理工作。但他们也知道，管理的"度"需要拿捏准确，既需要"睁一只眼闭一只眼"也要"恰当的惩罚和警告"。如果只有惩罚和警告的话，会给村民带来压抑

① 王婧：《草原生态治理的地方实践及其反思》，《西北民族研究》2013年第2期。
② 国家视角下的造林工程愿景是有效改善地方生态环境，但是在科层化的组织模式下，地方政府往往遵循着"不出事"逻辑，并力图在规定时间内完成相应造林任务。而在具体劳动中，因为地方政府组织管理不善，民众消极散漫、应付任务的思想便出现了，国家大型造林工程效果可想而知。

感，他们会反抗；如果管理松散的话，村民会随便应付，他们的劳动积极性会很低。村干部基于实践经验总结出的这一认识也印证了巴雷（Barley）等人的观点，即在一段时间内，需要强调组织的严谨和效率，而在另一段时间内，又需要呼吁组织的松散，进而调动人们的积极性。①

通过对早期生态治理实践的反思，村干部认为在有益经验的基础上，继续提高劳动效率，同时加强组织管理，村庄后续植树防沙的成功率会非常大。换句话说，早期生态治理实践中"植树防沙"经验的总结和"消极怠工"教训的反思，极大地增强了村干部带领村民"植树防沙，保护家园"的信心。

三　"上""下"压力下的精英合作

不论是从地情条件还是从已经积累的经验和教训来看，村干部认为植树造林改善村庄生态环境具备较大成功概率。但植树造林毕竟是一件风险和不确定性都比较大的事情，面对是否合作以及如何合作带领村民植树造林这件大事，村干部有着不同想法。除了村支书、村主任和村会计三位主职村干部最终达成合作共识外，其余村干部陆续选择退出。那么，三位主职村干部选择合作的原因和目的又是什么？下文尝试从"上""下"双重压力角度进行解读。

（一）满足"上级"期待

相对于"上级"政府而言，村干部是一名"下属"。作为下属，村干部如何有效满足"上级"政府期待（希望村庄大规模植树造林

---

① Barley S. R. and Kunda G. ，"Design and Devotion：Surges of Rational and Normative Ideologies of Control in Managerial Discourse"，*Administrative Science Quarterly*，Vol. 37，No. 9，1992，pp. 363 – 399.

改善生态环境）是他们合作的原因之一。就当时的情况来看，作为"公家人"，村干部面临着共同的工作压力，如果不能在限定时间内做出村庄是"选择大规模植树造林，积极改善生态环境"还是"消极等待生态环境恶化后搬走"的决定，他们便无法给予政府明确的答案和交代，如果不能有效履职，他们很可能受到来自上级政府的责怪和批评。正是源于他们所处职位以及所扮演角色的压力，河甸村村支书、村主任和村会计三位主职村干部最先达成了合作共识。对此，他们也做出了一个形象的比喻，"他们是绑在一根线上的蚂蚱，要想活命就不能个人顾个人地四处乱撞，得商量着劲儿往一处使"。

村支书：现在明白了，树能栽活，接下来就看咱们咋选择了。必须得给政府一个明确的决定，不能再拖了，再拖的话，咱们几个就得挨批评了。

村会计：咱们是村里的干部，政府期待的事情得重视起来，得商量着想一个好办法，谁也不能乱来。

村主任：搬和不搬都不是容易的事儿，以后发生的事情谁也想不到。

村支书：对，不管搬还是不搬，后面的工作肯定是不好做的，这想都不要想。那现在就说吧，大家要是愿意的话，咱们就一起带着老百姓造林治沙，要是各人只顾各人，是不会有好结果的。我先表态，我愿意留下来带着老百姓栽树，我也相信能把咱们村的环境搞好。

村会计：我也同意。

村主任：咱们现在就像蚂蚱一样拴在一起了，对上面得有一个交代。要是想做出点成绩，就不能有二心。我也同意一起栽树。

（其他人沉默）

村支书：以后困难多，不勉强，同意了不能出幺蛾子。都想想，这是大事，不是闹着玩儿的。（2017 年 1 月，根据村会计白桦的访谈记录 4 整理而成）

因为"公家人"的身份特征，河甸村村支书、村主任和村会计三位主职干部被牢牢地"捆绑"在了一起。从博弈论的角度来看，他们之间当时的关系可能出现以下两种结果：相容性的和排他性的。相容性是指村干部根据当时特定的工作任务和情况相互包容并形成一个通力合作小组，此时的状态属于正和博弈；排他性是指村干部之间相互拆台，但最终每个人都会为此付出"被批评""被责怪"甚至"被换掉"的代价，此时的状态属于零和博弈。而从村干部的对话"如果大家单独行动，都不会有好结果的"等信息来看，对于一个理性人来说，正和博弈的优势再明显不过了。而"一荣俱荣一损俱损"的压力也促使他们三人率先同意走合作的道路。

当时地方政府建议沙化严重村庄大规模植树造林改善生态环境，否则生态环境恶化后就必须搬走。你想想这是政府说的话啊，不是闹着玩儿的。其实我们自己也知道生活得很苦，可是大家都习惯了，每年都一个样，生活不容易但还过得去。要是突然让大家搬走，真不是一件容易的事儿。我们当时面临的工作确实很难，但是作为村干部，必须得给政府一个明确的答复。我们三个人当场就决定一起干了，其他人都犹豫，后来干脆就找理由不来开会了。这个事情我是可以理解的。我当时要不是村会计，我也不干了，一年赚不了多少钱不说，还要做很多事儿，做不好还里外不是人。可是当时没办法，不能丢下他俩不管，这也是重要的做人问题。结果总算是好的，我们三个都没有打退堂鼓。（2016 年 8 月村会计访谈记录）

从上述访谈内容可知，前期犹豫的人慢慢选择退出了，最终只剩下三位主职村干部。在后续的多次讨论中，三位主职村干部又反复确认了以下三方面内容：一是再次强调树能栽活。凭借本地人的优势，村干部在长期的生产生活实践中对这一问题做出了肯定的回答（此时更多的是一种信念上的强化）。二是村干部之间能否做到真正意义上的坦诚相待和通力合作。作为村庄的"佼佼者"，村干部凭借丰富的社会资本和较强的个人能力，在分工明确的协作下，可以有效地带领村民改善村庄环境。但实现这一目标的重要前提是村干部之间可以坦诚相待和有效沟通，一旦他们之间出现相互猜忌、拆台、诋毁、妒忌等情况，领导班子内部就会呈现涣散的状态，而此时不论他们拥有多少有利的资源和优势，也很难实现理想的预期目标。对此，他们三人多次强调并做出"可以相互坦诚与合作"的承诺。通过实地调查了解的信息以及从村庄后续发展状况来看，村干部之间基本上实现了有效合作，并且他们之间的关系一直保持着较为和谐的状态。三是村干部能否全力以赴地带领村民植树治沙。排除村干部之间可能存在的嫌隙，他们接下来又对如何"体面地留下来"这一现实难题进行了讨论。做出"留下来"的决定比较容易，但他们能否"拧成一股绳"共同带领村民植树防沙却仍然是一个未知数。如果这些问题不提前讨论，后续工作中也会面临很多麻烦。对此，他们讨论的结果是在后续工作中分头动员并尽力带领村民植树造林改善村庄生态环境。

我们三个只要碰到就会说说以后咋办，现在想想，那时候的人很单纯，没有太多心思，说过的话、承诺过的事一般都能完成。不像现在，很多时候人们就随口一说，转头就忘了，也不在乎自己的名声。当时我们真的是一点不保留地在想、在争论。你看，我们就会很直接地问环境到底有多差、种树能不能活、留下来以后会不会有二心、谁要是中途变卦反悔了该咋办这些比较直接的问题。其实谁都不傻，留下来不是闹着玩儿的，如果环境真的很差，我们硬留下来了，那也白扯。所以大家在心里都有一个比较明确的小九九（想法），说白了，我们选择留下来肯定都是想好了的。（2017年1月村主任访谈记录）

按照理性经济人假定看，理性个体不论做什么事情，都是为了追求利益最大化。不难理解，河甸村三位主职村干部选择合作的动因之一也是出于如何更好地履行"公家人"的职责问题。作为一名村干部，为了实现村民不搬迁而又必须妥善回应政府的期待时，村支书表示"为了达成留下来共同改善村庄环境这一共识，他们三个经常半夜还在办公室讨论"。如今回想起来，他们还会自豪地说："通过多次讨论做出了一个正确决定，在他们的政治生涯内，算是做了一件大事，留下了一个好名声。"对于生活在复杂而又竞争激烈社会中的个体而言，追逐个人利益最大化是他们生存与发展的首要基础。客观来看，也不是所有个体追逐利益的行为都将对其他个体造成严重伤害并产生消极的负面影响。相反，如果个体行为能够保持在一个合适的限度之内，那么也可能对他人和社会产生积极的正面影响。从河甸村后续发展和目前呈现出的生态经济良性运行状态来看，村干部的合作行为既妥善地满足了政府的期待，也带领村民改善了村庄生态环境、实现了富裕。

如果再进行深入分析的话，在如何履职从而"对上"有所交代的背后，我们也看到了村干部在整个事件的发生发展脉络中表现出的集体主义理念和行为。比如，他们多次"强调并做出'可以相互坦诚与合作'的承诺""当时几个人都很单纯，没有太多的其他心思，说过的话、承诺过的事一般都能完成""为了达成留下来共同改善村庄环境这一共识，他们经常半夜还在办公室开会讨论"以及"如今回想起来，他们依然会很自豪"，等等。虽然他们当时做出了承诺和保证，但试想一下，一旦因工作难度太大出现哪一个人"撂挑子不干"的事情，那么留下来带领村民植树造林的工作就很可能陷入"无法继续"的被动局面。但现实是，他们不仅做出了承诺而且也将其付诸了实践，这其中表现出的集体主义或曰集体主义倾向的理念和行为发挥了重要作用。这种根植于中国历史文化之中的优良传统也是值得被提及并予以弘扬的。

（二）实现"乡亲"愿望

作为一名"公家人"，除了要妥善满足政府期待之外，还担负着如何实现"乡亲"愿望（包括村民和他们自己）的重任。具体来看，如何避免可能来自村民的责怪以及他们自己浓厚的故土难离情感是村干部合作的重要原因之二。

首先，村干部重点考量的是如何避免可能的村民舆论压力。就当时情况来看，村庄要么植树造林改善生态环境要么生态环境恶化后必须搬走。如果村民同意搬走，那么事情似乎比较简单，无须再商量决策，但现实情况是村民不愿意搬走。那么村干部只能考虑不搬走以及后续如何改善环境的策略。作为"公家人"，如果村干部向村民承诺并保证"他们不搬走并且一定能改善村庄环境"，但事实却不能有效组织村民植树造林改善环境的话，村庄环境继续恶化后仍然面临着搬迁外地的问题。到那时，村干部必定会遭到村民的谩骂和责怪，从此背负一个"无能"或"不称职"的标签。而这种结果是村干部所不愿意接受的，他们也会尽力避免这种情况的发生。

对于世代生活在村里的村民而言，搬迁外地是一件难以接受的事情。当时政府也给出了"沙化严重村庄需要大规模植树造林改善生态环境，否则生态环境恶化后就必须搬走"的压力。对此，河甸村民明确表示不愿意搬走，并且对村干部可以带领他们植树造林改善环境抱有很大信心。正如村民所言：

祖祖辈辈都生活在这里，生活得不好也不孬。虽然说家家都没有太多钱，可是谁家都不缺吃少穿，日子我们都过习惯了。再说了，村里环境也没有差到活不下去的地步，凭啥说让我们搬走就搬走，当时老百姓坐到一起就说，搬走我们肯定是不干的，谁说都没用。我们想留下来继续在村里生活，也盼着村干部能带着大家把村里环境搞好。（2016 年 8 月村民陈强访谈记录）

对于村民不愿意搬迁外地以及对村干部的信任和期待，村干部非常清楚，也背负着实现乡亲这一愿望的重任。正如村会计所言，作为村干部，一旦向村民承诺了什么事情，就必须想办法做到，否则不但会被村民"瞧不起"，来自熟人社会中的舆论压力也是村干部无法承受的。因此，为了不让村民失望，避免可能的舆论压力，村干部必须合作并且最大限度地赢得村民的信任和拥戴。

其次，故土难离情感推动了村干部之间的合作。虽然村干部扮演着公家人角色，协助政府处理一些事情，表面上看似一个"官"，但从法定身份来看，他们依然处于科层化的行政结构之外。这一点村干部十分清楚，并且认为自己是一名地地道道的农民。仅从日常状态看，村干部常年生活在农村贴近村民，与普通村民一样生产生活，兼具"村里人"的另一重身份属性，与普通村民一样有着同样的故土难离情感。与相对发达农村的工业发展模式不同，河甸村村民世代以依附在土地上的种植业和养殖业为生。在他们看来，土地给予了他们生活保障和安全感，也是他们最终归宿。土地的这种固定性促使他们依附在土地上，一代一代生活下去，不会有太大变动。对于他们而言，世代定居是常态，迁移是变态。① 因此，对于村庄何去何从时，村干部私心里也不愿意搬走。

---

① 费孝通：《乡土中国》，上海人民出版社 2007 年版，第 6 页。

　　说是村干部吧，我们还种着地，跟政府里面天天穿得溜光水
滑（地方语，指干净讲究等意思）的人差得多。说白了，就是名
义上的半个官，在政府和老百姓之间传传信儿、干点活、挣点
钱。我们就是农民，这是不能变的。农民有农民的活法，我们种
着地、养着牛羊，在这一亩三分地儿上天天都是开心的。长年累
月这样过惯了。当时我们几个就闹笑话说，不搬走，我们几个是
有私心的，别说老百姓，我们自己也不愿意，但是我们跟老百姓
的身份又不一样，不能明目张胆地说不搬，只能借着老百姓的嘴
说出来，但是我们心里是不愿意搬走的，这个是非常确定的事
情。（2016 年 8 月村主任访谈记录）

　　村干部对自己的身份和角色有着十分清晰的认识。相对于穿着讲
究、有着铁饭碗的政府工作人员来说，他们认为自己只能算"半个
官"，而这"半个官"也仅限于在"政府和老百姓之间传传信儿、干
点活、挣点钱"。归根结底，村干部仍然将自己看作一个农民，他们
依托土地生活，跟大部分普通村民一样从土地上获取生活资料，同时
享受着来自这种生活方式的种种乐趣。正是因为他们已经习惯了在村
内的这种日复一日的、没有太大变动的生活方式，所以当村庄面临如
果生态环境继续恶化后就必须搬走时，他们在心底里也是不愿意选择
搬走的。但正如村主任所言，他们还有着另外"半个官"的身份，即
时他们私心上不愿意搬走，但却不能公开说，只能"借着村民的嘴"
表达出来。不难看出，村干部与普通村民一样，在长期的本地生产生
活中，已经对家乡有了一份特殊的情感，更不愿意外迁。

　　实地调查中了解到，世代生活在当地、不曾外出的村民对家乡有
着较为浓厚的感情，甚至对村里的一山一水、一草一木都有感情。
"故乡最美""故乡人最亲"等都表达出了正生活在或曾经生活在乡
村村民对家乡的这份特殊情感。而这也铸就了中国人的故土难离情

感，并成为整个中华民族的传统。从社会心理学的角度来看，情感是
人们对外部环境做出的一种持久性反应，情感主体所处的社会物质与
人文环境是情感得以形成的社会基础。作为情感的一种，乡土情感是
指乡村社会居民或曾经的居民对家乡所产生的一种牵挂、依恋的归属
性情感的总称，具体包括安乐重迁情感、落叶归根情感等。① 以下访
谈内容较好地表达了村会计对家乡的这种情感：

> 我当了二十几年的会计，后来年龄大了，就退下来了。我闺
> 女住在沈阳市里，不干了以后，闺女有空就接我和老伴去住一
> 段。我去年治腿疼病，在闺女家待了半年。当了一辈子农民，过
> 不惯城里生活，待不住啊。腿疼病治差不多，我俩就回来了。跟
> 你说，半年里，村里人我都想。村里有个微信群，我整不太明
> 白，里面人说话我会听，每天晚上睡不着时候就把群里说的话听
> 一遍，反复听。我跟你说，听声音我就知道是谁，可亲切了。回
> 村里以后，每天早晨就去儿子玉米地看看，到树林里转转，吃完
> 饭就去串门。年龄大了，哪里都不愿意去，生活一辈子的地方，
> 有感情了。你看吧，我现在都不愿意到外面去住。就更别提当时
> 让我们搬到别地儿的心情了，老百姓也都一样的，根本接受不
> 了，当时就想哪里都不能搬啊。（2017 年 1 月老村会计白桦访谈
> 记录）

乡土情感是村里人认识乡村的基础上形成的对土地和乡村生活等
稳定的情感体验和认同。暂且不谈长久性的远距离搬迁，短时间暂离
家乡对当地人来说都是一种考验。综合对村干部的访谈得知，就当时

---

① 邓遂：《论乡村青年乡土情感的淡薄化现象——以安徽 Q 自然村落为例》，《中国青
年研究》2009 年第 8 期。

的情况而言，当村庄面临搬走还是留下来改善环境时，村干部与普通村民一样，都不愿意搬走。他们在长期的本地生活中已经将自己深深地扎根在了家乡的这片土地里，对家乡有着浓厚的乡土情感。总之，如何实现"乡亲"愿望（包括村民留下来改善环境的愿望和村干部的故土难离情感）直接推动了三位主职村干部之间的合作。

四　核心精英间合作共识的达成

河甸村村干部关于"植树造林，留村护家"这一事件，进行了多次讨论。如果按照村干部的会议出席情况、会议中的行为表现以及他们之间的互动关系等因素来看，我们可以将村干部所开展的多次大小会议划分为三种理想类型，即前期有分歧但尝试沟通阶段，中期有分歧但大部分人选择不沟通阶段，以及后期分歧不断消解、有效沟通并达成合作共识阶段。

在早期阶段，村干部均做到了按时出席会议，即使出现村支书随意打断、不顾及甚至不尊重其他人的情况，但参会人员仍积极发言，试图就他们与村支书之间的分歧点进行沟通。因为沟通的不顺畅以及村干部各自的心理和行为预期存在差异，可以看到，即使在中期会议阶段，村支书有意识地克制了个人雷厉风行、过于强硬的形式风格和工作作风，但仍然出现了除村支书、村主任和村会计以外的其他村干部陆续借由缺席会议的情况（这也是某种意义上的退出策略）。需要强调的是，除三位主职村干部外，其他人不是商量好一起退出的，而是单个人陆续退出的，但即使在他们按时出席会议阶段，他们也仅仅扮演了一个"撞钟者"的角色，默默观望，很少发言，避免与村支书发生正面冲突。而随着其他人的陆续退出，在后期会议阶段，只剩下村支书、村主任和村会计三位主职村干部继续坚持讨论，经过长期的磨合，虽然最后只剩下他们三个人，但他们在村庄后续植树造林和生态农业发展中，其行为表现基本保持一致，并且基本做到了有效沟通与合作，核心领导团队形成。

表 3 - 1　　　　　　　　村干部行为表现及其互动关系

阶段	出席会议情况及表现	互动情况
前期	所有成员按时出席，村支书态度强硬，其他人积极参与讨论	基本一致。有分歧，尝试沟通
中期	一些人陆续缺席/某种意义上的退出，村支书态度缓和，村主任、村会计积极参与讨论，其他人观望，很少发言	基本不一致。有分歧，大部分人选择不沟通
后期	村支书、村主任、村会计出席，其他人陆续退出，三人积极发言、讨论	一致。有效沟通，达成合作共识

需要说明的是，三位主职村干部在是否要"植树造林，留村护家"的村庄道路选择过程中，因为看法和想法不一致，也在讨论中产生了很大分歧。但是，在其他村干部陆续退出的情况下，他们三人为何能够不断消除分歧并最终达成合作共识呢？结合前文的叙述内容，笔者尝试将其归结为以下三个方面。

一是从事件本身来看，再认识和再定位地情条件以及对早期生态治理实践的反思是三位主职村干部合作的重要基础。对于他们能否达成合作这一结果而言，一个重要的前提或者说基础是树能不能栽活、改善村庄生态环境是否具备合适的且有把握的客观条件这一问题。从当时的情况来看，栽树是一个充满诸多风险和不确定性的"大事"，一旦植树造林失败或者短时间内见不到明显成效，村干部可能会面临来自上级政府的责备或批评，村庄也可能因此而陷入环境继续恶化后的完全被动搬迁境地。由此可见，村干部的行为和抉择将产生"牵一发动全身"的结果。因此，对于是否"植树造林，留村护家"以及植树造林具备多大成功概率问题，村干部再认识了本地的地情条件，并达成了"本地生态条件基本达标"这一共识。通过对前期生态治理实践的反思，他们总结了诸多有关植树造林的乡土经验，也对期间存在的"消极怠工"等组织模式松散问题进行了反思。可以说，对这些"硬件"条件或者说客观情况的充分认识和把握是他们最终实现合作的重要基础。正如村主任所说的"对于留下来，他们在心里已经有了明确的'小九九'（想法），是想好了的事情"。

二是从村干部角度来看，主要分为职位本身对他们的要求以及他们行为背后的深层逻辑两方面。首先，职位和角色对他们的要求一致性较高。在是否要"植树造林，留村护家"的道路抉择过程中，村支书、村主任和村会计三位主职村干部虽然在前期存在分歧，但是后续讨论中基本保持行为一致，这与其他村干部的行为有一定差异。从三位主职村干部的行为表现来看，作为村庄的"主要当家人"，他们肩负的责任和工作任务比其他村干部大，在他们的认知范畴内，快速决定，提高效率，从而在政府与村民之间树立起一个"好干部"的形象非常重要，但是对于其他村干部而言（除三位主职村干部外），由于所处的职位、所扮演的角色以及期待不同，他们不仅没有主职村干部背负的那么大工作压力和急迫心态，同时也对"植树造林，留村护家"这件风险和不确定性比较大的"大事"心存疑虑，所以表现出的行为是虽然"积极参与讨论"，但也坚持"全面把握植树造林这件大事"，只有在各方面都考虑周全而且对他们有利的情况下，才会选择继续，一旦出现对他们不利甚至觉得不愉快的情况，他们就会选择退出。而这恰恰是主职村干部不能随便做出来的事情。不论是从职位对主职村干部所产生的约束力，还是职位所赋予他们的使命，甚至是他们所能承担的社会评价和舆论压力程度等方面来看，主职村干部"随便退出不干"于情于理都说不过去，他们不到走投无路的情况下也不会这样做，而这也是他们从分歧走向合作的一个重要影响因素。

其次，共同的"上""下"双重压力。从"公家人"的身份来看，他们选择合作的根本原因是出于如何有效满足"上级"期待，为的是在妥善回复政府期待的过程中，较好地履行职位所赋予他们的职责，同时也想进一步实现个人价值，即"当个好干部""留个好名声"等。可以说，三位主职村干部之间合作的政治任务和目标等理性特征更为明显，即村干部是根据村庄何去何从这一"特定任务"联合在一起的，他们选择合作的目的比较明确。重要的是，他们为已经做出的行为决策所可能或已经带来的总的好处而自发地聚到一处，并持续地存在下去。但这种利益性的推动因素并非唯一因素。他们还有着强烈的集体主义理念以及身处熟人社会中的故土难离情感。从"村里人"的身份来看，村干部与普通村民一样，有着浓厚的故土难离情感。可以说，如何实现"乡亲"和他们自己"不想搬走"的这份愿望是三位主职村干部选择合作的另一重压力。通过前文叙述可知，村干部已经对世代生存的家乡有了浓厚的情感，他们和普通村民一样"私心上"是不愿意搬迁外地的。而此时，他们只有以"半个官"的身份一起合作才能满足"村里人"不想搬走的私心和愿望。通过综合解读村干部的访谈信息可知，虽然他们最根本的目的是在平衡政府与农民关系中寻求个人利益最大化，但是他们还希望在有效改善家乡环境的过程中获得声望、尊重、良好的社会评价以及其他的社会性或心理上的预期目标。由此可见，他们的行为并非完全意义上的工具理性，也没有无限制地追逐个人私利。相反，置身于熟人社会中的村干部更是一个有限理性下的社会人。可以说，"对上"和"对下"的共同压力是三位主职村干部选择合作的重要原因。

三是从熟人社会"场域"来看，"伙伴式"的同事关系发挥了重要作用。传统农村社会在地方性的限制下成了"生于斯、死于斯"的熟人社会。① 从人与空间的关系上来说，熟人社会的特点是流动性不

---

① 费孝通：《乡土中国》，上海人民出版社 2007 年版，第 9 页。

强、开放性较低，人们在长期共同生活中形成了一种稳定的互惠预期；而从人与人之间的关系来看，人们因长期共同生活和频繁交往而相互熟悉。持续而又频繁的人际互动是熟人社会再生产的基础，熟人社会也应该作为理解村民行为的逻辑起点。① 随着市场经济的运行与发展，理性与利益逐渐凸显，但传统农村社会表现出的依然是熟人社会，而且"关系"发挥作用的土壤一直存在。② 从前文叙述内容可知，相比于纯粹的同事关系而言，三位主职村干部之间既是工作上的伙伴也是生活上的熟人，他们属于自己人的"认同圈"范畴（如村会计与村支书的关系不是单纯意义上的同事关系，更像是朋友关系，否则村会计也不会直接指出村支书会议中不尊重其他人的不恰当做法，更为关键的是，他们三人可以就一些问题进行直接的沟通和交流，这恰恰是他们之间能保持相对稳定状态的一个重要因素），基于这一情感认同基础，当村庄面临何去何从时，村干部之间并不是陌生人之间的冷冰冰关系，可以随时随地地相互拆台或背离；相反，村干部之间是伴有多种情感因素的熟人关系，熟人之间的相互信任、认同和特殊情感等也直接推动了村干部之间合作共识的达成。总结来看，三位主职村干部合作行为的达成至少包含了以下三个来自熟人社会的重要支持条件：长期的且持久性的一起生活，信任和沟通以及特殊的情感与认同。

综上所述，核心精英在村庄道路选择以及村庄后续发展等重要事件的决策过程中扮演着重要的角色。但是，就学术界而言，有关村干部所扮演的角色问题也有一些不同的看法，比如徐勇认为，村干部在

① 王德福：《论熟人社会的交往逻辑》，《云南师范大学学报》（哲学社会科学版）2013 年第 3 期。

② 万俊毅、欧晓明：《社会嵌入、差序治理与合约稳定——基于东进模式的案例研究》，《中国农村经济》2011 年第 7 期；Winn J. K.，"Relational Practices and the Marginalization of Law: Informal Financial Practices of Small Business in Taiwan", *Law and Society Review*, Vol. 28, No. 2, 1994, pp. 195–232.

"国家—农民"关系框架下扮演着国家"代理人"和村庄"当家人"的双重角色。① "双重角色"理论属于韦伯意义上的"理想型"分类模式，其不仅承接了"双轨政治"② 思想，也对应了现实社会中的"乡政村治"实践，从结构主义视角上较为准确地把握了村干部的角色。然而随着研究的不断深入，有学者发现村干部所扮演的"双重角色"可能只是一种结构上的静态型定位，或者是对一种应然状态的摹写③，在具体的且动态性特征明显的"过程—事件"中，能否准确地反映出国家与村庄关系对村干部角色的形塑，还需要进一步探讨。对此，"监护人""庇护人"等修正"双重角色"理论的假说不断涌现。但从方法论上来看，以往的研究都重点关注了国家与村庄互动关系中的客体环境对村干部角色与行为的影响，而很少关注作为行为主体的村干部对客体环境的适应与选择。河甸村实践表明，作为行为主体的村干部，并非一直受制度结构的影响消极地存在着，他们可以在制度与结构所框定的范围内进行思考、选择和行动，并最终给制度和结构的运行造成影响，以致改变制度结构的特征与形状。④

对于以往研究中村干部角色的静态性理解，杜赞奇笔下的"经纪模式"受到了关注。而"经纪模式"也确实弥合了以往研究的静态分析缺陷，强调了精英人物可以依据客观环境独立行动的动态性特征。具体来看，杜氏所谓的"经纪人"具体指处于传统官僚体制之外，但却可以帮助国家实施对乡村社会汲取或者治理的一个群体，这个群体居于国家与乡村社会之间，在帮助国家表达意志的同时也实现

---

① 徐勇：《村干部的双重角色：代理人与当家人》，《徐勇自选集》，华东理工大学出版社 1999 年版，第 288 页。

② 费孝通：《乡土中国》，上海人民出版社 2007 年版。

③ 吴毅：《村治变迁中的权威与秩序——20 世纪川东双村的表达》，中国社会科学出版社 2002 年版，第 220 页。

④ 吴毅：《双重边缘化：村干部角色与行为的类型学分析》，《管理世界》2002 年第 11 期。

了自身的利益。根据行为动机，杜氏又将其分类并概念化为"赢利型经纪"和"保护型经纪"①。随着基层民主建设的日趋完善，国家与村民对村干部的监督力度不断增强，在国家全面取消农业税以后，农村社会中可供村干部攫取的资源虽然存在但相对较少。在整个宏观环境的变化格局下，精英角色也并非"赢利型经纪"和"保护型经纪"这两种二元对立的状态。

现实的情况可能是，一个善于思考且精明能干的村干部一般不会扮演完全"营利性经纪"或完全"保护型经纪"任一角色。相反，他们会想方设法地学习和掌握"保持平衡"的游戏规则，在完成上级政府任务的同时尽可能以不伤害跟村民的关系为基础，从而适应深处国家与农民夹缝中的这种结构性"两难困境"。但当无法做到平衡时，他们则会倾向于选择"两头应付"的替代性方案。于是，村庄秩序的"守夜人"和村政中的"撞钟者"很可能成为村干部在角色与行为上所具有的最为显著的特征。② 但这也并非意味着村干部有意怠慢所有的行政任务和工作，而是当他们面对一些需要全力以赴才能完成的比较艰难的任务时，他们会综合权衡利弊并且理性地判断这一任务的解决难度有多大。如果明确其要解决的问题具有较大成功概率时，特别是当他们在解决问题的过程中可以获得直接、间接的经济收益以及良好的人际关系、他人的尊重等社会性收益时，在足够报酬和良性激励机制下，从长远发展的角度看，村干部会努力成为称职的"代理人"和"当家人"，而不是一个仅仅图谋个人利益的"守夜人"和"撞钟者"。从河甸村情况看，三位主职村干部在面临村庄道路抉择时，在掌握了植树造林具备较大成功概率后，作为一名"公家人"，同时又

---

① 杜赞奇：《文化、权力与国家——1900—1942 年的华北农村》，王福明译，江苏人民出版社 2010 年版，中文版序言第 2—3 页。

② 吴毅：《"双重角色"、"经纪模式"与"守夜人"和"撞钟者"——来自田野的学术札记》，《开放时代》2001 年第 12 期。

是一个"村里人",他们并没有消极等待或应付,而是积极讨论解决办法。虽然在寻求对他们自己有利的方案,但也并非是一个仅仅图谋利益的村干部。

河甸村村干部最终达成合作共识是综合因素作用的结果,由三位主职村干部合作组成的小组具备以下共同特征:一是较高的合群性。他们与村民处于同一个地方性小群体中,并且影响的是那些和他们相似的村民;二是社会层级相对较高。他们被公认为是见多识广的或称职能干的人。相比于那些对自己所谈问题一无所知的人,作为村庄的公共领袖,他们以及他们的意见可以得到更多人的信任和关注;三是可利用的社会关系较多。相比于普通村民而言,他们在社交方面较为活跃,且与他人交往频繁;四是出众的能力和杰出的领导才能。

村干部合作共识的达成发挥了以下四方面重要作用:首先,增进了村干部之间的有效沟通。如他们可以就生态环境能否满足树木成活条件进行讨论,就早期生态治理实践进行相对客观的反思,就他们之间的工作态度、是否愿意做出承诺等进行讨论。其次,提升了村两委班子的凝聚力。如村干部为实现特定目标而实施团结协作的程度较强,在后续工作中,较强的团队凝聚力也是他们可以长期坚持改善村庄环境和带领村民发家致富的重要因素。再次,提升了村干部的个人魅力和感召力,为赢得村民的后续信任问题夯实了基础。最后,村干部之间合作共识的达成为村庄后续的植树治沙动员实践提供了重要保障。

第四章 联户探索"植树治沙"

如果说村干部围绕"留村护家"的商讨、争论和决策大多停留在"务虚"层面的话，那么如何组织动员村民开展"植树治沙"实践就很"务实"了，真正触及到了实实在在"怎么做"的问题。但由于村干部过于重视广播动员，企图通过情感"煽动"村民，结果遭遇了"无效"困境，说明农村社会中完全按照常规化模式开展工作是行不通的，要结合农村社会特点巧妙动员村民。随后，村干部依托血缘关系和亲缘关系动员村民，组成了联户造林小组，应用地方性知识开展了植树造林工作，在多次直面困难与总结经验教训的努力之下，"植树治沙"实践陆续取得成效，联户关系网络得以建立并日渐稳固。

一 常规化动员失效

动员的方式方法直接影响动员的结果。换言之，如果动员的方式方法不当或动员的方式方法没有触及被动员对象真正关心的问题，那么看起来再合理的动员方式方法也终究是徒劳的。河甸村村干部企图通过广播"煽动"村民承包荒山植树造林的动员方式便是如此。那么，村干部的广播宣传为何失灵？村民不配合的理由又是什么？村干部又会做何思考？本节尝试从村干部与村民两个主体各自的行为选择及其背后的深层逻辑角度来加以分析。

（一）广播宣传失灵

自 20 世纪 80 年代以来，一些"四荒"① 资源比较多的地方，陆续出现了家庭承包、联户承包等多种方式治理开发"四荒"资源的良好势头，实践中收到了较好成效。为调动更多人加入治理开发农村"四荒"资源的积极性，1996 年，国务院办公厅正式发布了《关于治理开发农村"四荒"资源进一步加强水土保持工作的通知》。通知明确强调：农村集体经济组织内的村民有权利参与治理开发"四荒"资源，本村村民享有优先权；"四荒"治理开发必须以保护和改善生态环境、防止水土流失和土地荒漠化为主要目标，以植树种草为重点，合理安排农、林、牧、副、渔各业生产；严格实行"谁治理、谁管护、谁受益"政策，切实做到保护治理者的合法权益。

在国家治理开发农村"四荒"资源的政策影响下，各地政府积极响应号召，组织推动农村"四荒"资源的治理开发工作。作为科尔沁沙地沙化严重地带的河甸村的沙化治理工作也得到了地方政府的高度关注。正是在国家的政策影响以及地方政府的组织推动下，1996 年，河甸村村干部讨论决定动员村民承包村集体荒山植树造林，实现"留村护家"的愿望。

为有效发动村民承包荒山植树治沙，村干部"精心"拟定了一份宣传稿，村支书通过广播形式宣读。实地调查中了解到，村支书广播宣传的主要内容为：村庄遭遇了严重的风沙灾害，政府建议村庄大规模植树造林改善生态环境，否则生态环境恶化后就必须搬走。经了解，村民都不愿意搬走，那就只能一起行动起来植树造林。村干部讨论后，已经向政府表达了村民不愿意搬走的想法，但也做出了村民同意大规模植树造林改善村庄生态环境的承诺。政府给出的说法是如果

---

① 农村集体所有的"四荒"资源具体指荒山、荒沟、荒丘和荒滩。

村庄积极植树造林改善生态环境，那是非常好的事情，政府十分尊重村庄的想法，但政府最终要看的是植树造林的实际效果。就目前来看，事情非常明朗，如果村民愿意继续留在村庄生活，就必须积极一点，共同把村庄生态环境搞好。希望村民积极承包村集体荒山植树造林，一亩荒山每年承包费 2 块钱，期限 50 年，所栽树木全部归承包户所有。

对于村干部而言，他们预期的理想效果是村民积极参加，但现实情况是没有村民响应，甚至连他们自己家人也犹豫和反对。在私下的诸多非正式场合里，村民更多的是对这场广播宣传内容的冷嘲热讽。如有些村民反对说："在沙土地上栽树，简直就是天方夜谭！要是能把树栽活，我们就把长出来的树苗吃掉！"有些人嘲笑说："就以为他们几个（指村干部）厉害，沙土地上栽树就是傻子做的事儿！"农村社会是一个熟人社会，人们之间相互熟悉，交往频繁，在相对封闭的空间内一些信息传播得很快。不知不觉间，私下场合里村民对村干部的评价、讽刺和嘲笑很快就被村干部和其家人知道了。

"轰轰烈烈"的广播宣传换来的是村民的讽刺和嘲笑，村干部也像个"傻子"一样被村民们议论着。在村干部看来，为了村庄不搬走，实现村民"留下来"的愿望，他们不辞辛苦，多次讨论。结果却是，村民不但不积极配合反倒嘲笑和讽刺他们。对此，村干部颇为不解，也颇感气愤，同时认定村民比较自私，拎不清事情的轻重缓急。那么，村干部广播宣传无效的问题出在了哪里？村民是否真的如村干部认为的那样自私？明明村民希望留在村庄继续生活，但为什么他们又不愿意承包集体荒山植树造林呢？承包荒山改善村庄生态环境原本是一件好事，为什么最后变成村干部的"一厢情愿"了？总之，上述所有疑问都可以归结为这一核心问题：村民不配合的理由到底是什么？

（二）村民不配合的理由

人们一般会理所当然地认为，只要有共同利益，农民合作就是一件很简单的事情。换言之，如果通过合作可以实现共同利益，农民的积极性肯定会高。但现实却并非如此，即使有共同利益，农民合作也是一件很困难的事情，农民不合作反而是常态。学者在理论上将其概括为农民"善分"但"不善合"，并形成了颇多著名的观点。比如，马克思认为农民"就像一袋马铃薯"①，原子化特点明显，缺乏组织与合作能力。梁漱溟认为中国农民缺乏团体合作的组织和心理。曹锦清基于中原地区的农村实地调查发现，因为原子化特点突出，农民无法通过彼此合作的方式来应对生产生活中的诸多事宜，对此，他总结出中国农民"善分不善合"这一论断。②贺雪峰以荆门农村水利灌溉事件为例，分析了农民的合作难题，并认为这主要涉及的是熟人社会中农民特殊的公正观问题。③

已有研究对农民不合作问题进行了学理上的深入探讨，但也不能因此就限制我们分析问题的思路。需要强调的是，农民合作是一个动态问题，需要放在具体的、特定的情境中加以考察和分析。在充分借鉴已有研究成果，同时结合河甸村村民不愿意承包集体荒山植树造林这一事件，笔者发现"能力不足"与"熟人社会中特殊的公正观"是村民不配合的主要原因。

能力不足主要表现在"没钱"和"没经验"两个方面。首先，"没钱"是村民无法积极响应村干部的首要原因。村民坦言，知道不用搬到其他地方以后，他们很高兴，这一点毫无疑问。"留下来"植

---

① 《马克思恩格斯文集》第二卷，人民出版社 2009 年版，第 556—568 页。
② 曹锦清：《黄河边上的中国》，上海文艺出版社 2000 年版，第 15—22 页。
③ 贺雪峰：《熟人社会的行动逻辑》，《华中师范大学学报》（人文社会科学版）2004 年第 1 期。

树造林，他们也认为是一件改善村庄环境的好事。但是他们一直以种地为生，年复一年地维持着几乎没有太大变动的普通生活，所以根本没有太多积蓄承包荒山植树造林。

> 当时老百姓都不愿意搬走，听村干部说可以不搬走以后，别提我们有多高兴了。那时候，我们这个地方环境真的变差了，不知道栽树能不能挡住沙，也看不到短时间有啥收入，有收入的话也是好几年以后的事情，不确定性太大。栽树是大事，别的不说，是要花钱的，像包地啊、买树种啊啥的，哪一项都得花钱费力。我们都是种地的老百姓，没有哪一家是富裕的，也没有多余的闲钱，生活得差不多，日子都过得紧巴巴的。（2016 年 8 月村民蒋伟访谈记录）

对村民而言，在当地生态环境逐渐变差的情况下，植树治沙是一件投入和产出都不确定的"大事"，几乎预计不到近期的经济收益。村民不仅不能从中短期获利而且还要提前投入，这是一个"先投入、再产出"或者"先投入、无产出"再或者"先投入、负产出"的事情。但恰恰村民对潜在损失的重视程度要高于对潜在收益的重视程度。[①] 况且村民也是要生活的，从需求层次上来看，他们当时最关心的是如何生存并确保正常生活，对于"植树治沙"这一比较长远但又充满不确定性的事情，他们不太关心，更要慎重对待。对此，我们可以合乎逻辑地推出，如果一件事情对村民有利或者有确定的预期收益，村民会考虑采取行动。反之，他们一般会消极对待或者直接拒绝。

其次，是没经验。对于村民而言，沙地植树造林是有难度的。树

---

① Hardin, R., *Collective Action*. Johns Hopkins University Press, 1982.

能不能栽活、树的成活率怎样直接关系到植树治沙的成败。一旦树不能栽活，植树治沙就是徒劳。问题是村民不知道怎样栽树，没有把握树能在沙土地上栽活。所以，对于植树治沙，村民不敢轻易冒险，更没有足够的实力和底气为"可能因此陷入的贫困状态"买单，所以只能选择先观望、再慎重做决定。

　　栽树不是闹着玩儿的，我们不知道咋样在沙土上栽树，知道咋能栽活树很重要。其实我们觉得在沙土上栽不活树，万一真栽不活，到时候钱都白搭了，日子又得受穷了，这是大事，不能瞎干。（2016 年 8 月村民李亚荣访谈记录）

　　缺乏在沙土地上植树造林的经验也是影响村民不配合的一个重要因素。从村民的角度来看，这一顾虑是有道理的。技术或者说在沙土地上植树造林的技术直接关系到村民最根本的利益问题，一旦同意植树治沙，但又不能栽活树，那么他们的日常生活便会因此被打乱，甚至直接陷入贫困状态。

　　除了"没钱"和"没经验"等能力不足之外，熟人社会中特殊的公正观也是影响村民不配合的重要原因之一。对于村民而言，环境是大家的，他们认为搞好环境需要村民的共同努力。虽然名义上栽的树归村民个人所有，但是植树造林的环境效益却被全体村民共享。而对于植树造林改善村庄生态环境这一公共事物，村民都有一种"搭便车"心理，特别是在植树造林收益不确定的情况下，他们谁也不愿意做第一个"吃螃蟹"的"傻子"。

　　村里环境差，不是一两个人能搞好的，要是其他人都不造林搞环境的话，凭什么我造？谁都不傻。说白了，环境差，老百姓一起遭殃，环境好一起享受，说自私一点，老百姓都在心里算计，谁也不想先干这个事儿。所以说，得大家一起造林搞环境，这样老百姓心里就得劲儿了，要是不搞的话，我们也能生活，就这点事儿。（2016年8月村民王立明访谈记录）

从旁观者的角度看，似乎不能理解村民上述想法，因为我们很容易就会想到，既然村庄生态环境恶化已经给村民的生产生活造成了严重影响（第二章所描述的风沙每年都会造成农牧业减产和歉收等），那么，为什么村民不愿意承包荒山植树造林改善村庄生态环境呢？对此，需要从村民的立场来看待问题。而透过村民的话语（如环境是大家的以及谁也不愿意当"傻子"等），我们显然看到了熟人社会中一种特殊的公正观念。即村民不是根据自己实际得到的好处计算得失，而是根据与他人收益比较来权衡自己的行动，他们不在乎自己得到或失去多少，而在于其他人不能白白从自己的行动中得到额外的好处。[①]

综上所述，村民并非村干部简单认为的"自私"或"拎不清事情的轻重缓急"，他们的不配合行为有特定的理由。通过对河甸村村民不配合行为的分析，本文发现能力不足（没钱、没经验/没技术）和熟人社会中特殊的公正观是影响村民不配合的主要原因。而这一研究发现也提醒我们，不能简单地将农民不合作问题归结为原子化特点明显等定论，而需要将农民行动放在特定的事件和具体的情境中分析。那么，面对村民的不配合，村干部又会如何思考呢？

（三）村干部的反思

村民的不配合迫使村干部陷入了"左右为难"的境地，他们既无法"对上"交代，也不能说服村民。此时，对于村干部而言，前期所

---

① 贺雪峰：《熟人社会的行动逻辑》，《华中师范大学学报》（人文社会科学版）2004年第1期。

有努力似乎都被打回到"怎样说服村民"这一原点。面对广播宣传无效的结果，村干部开始反思：是不是广播宣传时说得不够好？问题到底出在了哪里？是不是他们的做法不恰当？村民在顾虑什么？通过反思以及对村民不配合理由的了解，村干部开始思考宣传工作中可能出现的或者已经出现的一些不合适做法。

> 开始很生气，觉得老百姓有问题。生气归生气，骂人归骂人，工作还得做。发完火以后，几个人都冷静了，后来私下打听了一下，知道老百姓的一些顾虑。从心说，老百姓想得对，我们想得不全，只想着咋样在广播里说得更好了，尽快把他们说动造林，忘记把我们前面总结的造林经验和一些细节问题告诉老百姓了。（2016 年 8 月村会计白桦访谈记录）

关于承包荒山植树造林这件事情，村干部与村民之间因为缺乏足够的沟通，造成相互间的误解。比如，村民最关心的是资金、技术问题，村干部却根本没有提及。最关键的是，村干部没有把他们客观认识地情条件后得出的植树造林具备较大成功概率、前期已经积累的一些造林经验、植树造林的成本收益以及植树造林的重要性等最"接地气"的、最重要的，也是村民最关心的一些问题详细地讲给村民听。相反，他们只想着如何进行广播宣传，如何"煽动"村民积极加入承包荒山植树造林的行列。

由于村干部过于重视动员形式和广播宣传效果，导致整个动员工作偏离了重心。但值得肯定的是，村干部没有一味指责村民，而是有所反思。在反思的过程中，村干部意识到广播宣传无效的问题出在了哪里。对于村民的不配合，他们不仅主动从侧面进行了解，也给予了相对客观的认识。虽然村干部有所反思，也了解到村民最关心的问题是什么，但是接下来怎么办？他们又会采取何种方式打破这一动员无效的僵局呢？

二 差序化动员奏效

上文显示，动员的方式方法不当或动员的方式方法无法触及被动员对象真正关心的问题，即使方式方法再合理，结果也无效。反过来看，是否动员的方式方法得当了或动员的方式方法触及了被动员对象真正关心的问题，动员工作就会收到成效呢？从河甸村的实际情况来看，答案是肯定的。那么，村干部如何吸取广播宣传无效的教训，进而在熟人社会中开展新一轮的动员工作？被动员的家庭最终选择加入的原因又是什么？或者说，在村干部与村民等主体怎样的抉择之下，联户造林小组最终得以形成了呢？本节尝试从村干部与村民等主体各自的行为选择及其背后的深层逻辑角度来加以分析。

（一）差序格局下的村干部动员策略

费孝通认为，中国传统农村社会结构像一个石子扔进水中所形成的一圈圈外推的水波纹，每个人是圈子的中心，每一圈都是亲疏远近不同的社会关系。虽然每个人都是他社会影响所推出去的圈子的中心，与圈子波纹所推及的发生联系，但每个人在某一时间、地点所动用的圈子是不一定相同的。[①] 以"己"为中心的社会关系不仅圈圈外推而且呈现一定的差序：像水的波纹一样，一圈圈推出去，愈推愈远，愈推愈薄。[②] 因此，费孝通认为中国传统农村社会结构呈差序格局，差序格局结构决定了中国人以"己"为中心的行动逻辑。[③]

在传统农村社会差序格局结构下，笔者通过实地调查发现，在遭

[①] 费孝通：《乡土中国》，上海人民出版社 2007 年版，第 25 页。
[②] 费孝通：《乡土中国》，上海人民出版社 2007 年版，第 26 页。
[③] 费孝通：《乡土中国》，上海人民出版社 2007 年版，第 27 页。

遇了广播动员失灵后，村干部依托"亲疏化"原则和"区别化"策略依次开展了针对"家人—亲戚—朋友"的新一轮动员工作。村干部具体动员内容如下。

首先，说服家人理解。从前文叙述内容可知，村干部广播宣传不仅没有实现普通村民的积极配合，而且村干部的家人也不理解和反对。这意味着，如果不先做好家人的思想工作并赢得家人的理解和支持，那么村干部后续的动员工作很可能不会太顺利。为了说服家人理解并同意植树造林，村干部既表达了对家人的愧疚，同时也尽可能在博得家人同情的基础上赢得支持。比如，村支书对妻子说，为了村里的工作，自己亏欠妻子和儿女太多，家里重担都落在妻子一个人身上，非常愧疚。但是自己的工作也并不容易，既要看政府的脸色，也得忍受村民的抱怨，做不好"里外不是人"。尽管如此，他也在努力工作，希望妻子理解并支持自己工作。又如，村主任对不理解自己的父亲这样说，自己工作很辛苦，压力大，但没办法，必须得把工作做好，要不然政府和老百姓都会瞧不起自己，所以在关键时刻，家人的理解和支持很重要。

> 我跟老董结婚十几年，他天天想着村里的事儿，家里、孩子都我一个人，这些都不说了。他又琢磨着栽树，把家里的钱都拿去包地种树（还说要贷款），那家里花销咋办？孩子上学咋办？我当时就挺生气。直接跟他说，他要是栽树，就跟他离婚。可他倒好，一点也不气，还不停地跟我道歉，哭着跟我说外面工作不容易。哎，夫妻一场，哪能说离婚就离啊，后来我也想通了，他一个男的长年工作也辛苦，就不怨他了，同意跟他一起承包荒山栽树。（2016 年 8 月村支书妻子刘芳访谈记录）

其次，"劝"亲戚①承包。在赢得了家人的支持后，村干部明白"示弱"是有效的。于是，他们又采用"放低姿态"和"亲情感动"的手段劝说亲戚承包荒山植树造林。如他们时而表达作为村干部的艰难工作处境，时而又表达为了村庄发展，对亲戚关照不周。最重要的是，他们选择放低姿态，依靠亲情感动的手段说服亲戚加入。据村支书的一位亲戚说，村支书到他家里后一直低着头不停地说："工作做不下去了，如果咱自己家亲戚都不愿意帮一把的话，那我就只能辞职不干了。咋整啊，亲戚们都承包一点荒山吧，就当是帮帮我了。"不得不强调的是，村支书很会察言观色并恰到好处地进行角色扮演，看着亲属态度坚决，便低着头反复说自己只能辞职不干了，看着亲属稍微有所动摇，他就继续采用举例说明的方式极力劝说，如"荒山才两块钱一亩，这便宜事儿就是白给咱的。不用担心，树是肯定能栽活，从长远来看，栽树比种地划算，不为别的，就当是给儿孙栽一片树，留一份家产了"。

家里就我一个人干活，媳妇身体不好，照顾孩子就很累了，除了洗衣服做饭，重一点的活都不让她干。我刚开始态度很坚决，不会承包荒山造林。但最后还是包了，哈哈，真是架不住他（村支书）天天来家里磨叽（反反复复说），他不停地说种地能收多少钱？你看，种地投入也不少，种子、化肥啥的都得花钱，要是赶上不好年头，都白搭进去。这样看的话，栽树比种地保险多了。咱们这环境不差，只要认真栽，树肯定齐刷刷地活，树活了以后就好办了，不管风吹日晒的，树就自己长了，咱们就等着收钱。你看，栽树以后可以有大收入，现在栽的树以后就是一大笔钱，人得往长远想。他不停说，就看上我了，真是要命。你看吧，早晨一推门，他

----

① 本书的亲戚主要指由生育和婚姻所构成的与村干部有着亲缘关系（亲属关系）的村民。

就来了，一待就是半天，看我态度不好，他就逗孩子，一点办法没有，后来仔细想想他说的，感觉栽活树也差不多，最后就包荒山栽树了。人嘛，也不能做事情太绝（情），都是亲戚，情面上抹不开的！（2016 年 8 月村支书表哥邢军访谈记录）

最后，"求"朋友加入。除了依托亲缘关系动员家人和亲戚以外，村干部也充分利用地缘关系并重点开展了建立在地缘关系基础之上朋友的动员工作。在动员朋友的过程中，村干部重点采用了"求"的策略。村主任的一个朋友回忆道："他天天往我家里跑，来了以后就说咱们这的环境不差，树肯定能栽活，他们几个（指开会讨论的村干部）有经验了。完了就开始'求'我承包荒山，支持他工作，说实在的，我们当时跟村干部有关系的人家都怕他们来家里，他们一求，我就受不了了。"村支书的朋友兼目前的亲家陈华也对村支书"求"自己的过程以及他的所思所想进行了如下总结：

　　他（村支书）三番五次来，进屋就半躺到炕上，低头不停地说，咋整啊大哥，工作实在做不下去了，你就包一点荒山吧，就当帮帮兄弟我吧！我这个人吧，脾气也倔，但就害怕谁跟我说软话。何况我们的关系不一般，比亲兄弟感情还深！我们两家孩子都多，小时候家里穷，我比他大一岁，从小一起长大，经常在一个炕上睡觉。当时谁家要是做点好吃的，我们都得给对方留着，感情很深。我知道栽树是一件难事儿，但也不算是坏事，万一成了，以后也有一大片树林，等老伴我俩老的时候，树也能卖一笔钱，不用拖累孩子了。就像老董说的，从前这地方乌烟瘴气的（形容动植物比较多），环境确实不差，最后我就决定包地栽树了，实在是看不下去他天天来家里求我，当时就在想，包荒山干吧，不多想了。（2016 年 8 月陈华访谈记录）

　　不得不说，作为广播动员失灵的一种应对策略，差序格局下依托"亲疏化"原则和"区别化"策略开展的新一轮动员工作陆续收到了成效。这主要源于以下两点原因：一是村干部从"重视情感煽动"到"注重细节性问题的分析与举例说明"。从动员内容上看，他们具体且形象地分析并举例说明当地环境依然满足树木成活的基本条件、植树造林的成功率比较高以及植树造林的潜在经济收益比较可观等。二是熟人社会差序格局下特殊的动员策略。从结构上看，村干部因亲疏远近关系而进行的一圈圈外推的动员方式形成了不同的关系圈层，动员顺序呈现出"中心—边缘"特征；从行为上看，村干部对待不同人采用不同策略。比如，对待家人，采用"愧疚＋示弱"策略；对待亲戚，采用"放低姿态＋亲情感动"策略；对待朋友，则采用了"放低姿态＋求"的策略。

　　显而易见，在第一点原因基础上，第二点起到了重要的助推作用。需要强调的是，在熟人社会差序格局下，村干部的动员策略已经不能简单地归结为一种劝说技术或者一种劝说方式方法，确切地说，这种动员工作已经演变成了一种动员机制。这是一种深嵌农村社会结构、充分整合"地方性知识"等乡土特色因素之上的结构性结果，也是村干部根据农村熟人社会内部特有优势所做出的一种适应性调整和务实性创造，更是具有乡土本色、符合乡村实际的合理性较高的选择和应对策略。但是，被动员的村民为何能被说服？更进一步说，村干部的家人、亲戚和朋友同意植树造林的行为选择逻辑又是什么呢？

（二）村民的"社会理性"选择

　　关于农民行动的一般逻辑或者说农民理性选择问题，学界展开了一场持久而又激烈的讨论，形成了"生存理性"与"经济理性"两派对立的观点，即学界称为的"斯科特—波普金论题"。持农民"生存理性"观点的主要代表人物有恰亚诺夫①、波兰尼②、斯科特等人，尤以斯科特的研究著称。斯科特以"安全第一"和"生存伦理"为原则，建立起了"农民的道义经济学"。他认为在面临巨大的生存压力时，农民的行为选择是"生存理性"，行动原则是安全第一，而非追求利益最大化。正如他所说的农民不会轻易冒险选择那些回报率高、风险高的策略，而是更愿意选择回报率低、风险低的比较稳定的策略。③"经济理性"与"生存理性"观点相对，主要代表人物有舒尔茨④、施坚雅⑤、波普金等人，尤以波普金的观点最为直接鲜明。为明确提出"经济理性"观点，波普金在其重要著作《理性小农：越南农村社会的政治经济学》中进行了专门论述。他认为农民不比任何一个资本家逊色，为了追求利益最大化，农民会理性地放弃那些不经济的（农业）行为，探寻决策合理化和效益最大化的方向。⑥

　　不论是"生存理性"还是"经济理性"，都一定程度上解释了农

---

① 恰亚诺夫认为，不能以资本主义社会中完全计算经济效益最大化（经济利润）的方式来看待农民的经济行为。因为农民行为是非资本主义性质的，对于农民而言，满足家庭消费而非追求利益最大化是其生产的主要目的。具体参见 A. 恰亚诺夫《农民经济组织》，萧正洪译，中央编译出版社 1996 年版。

② 波兰尼十分反感将资本主义社会中追求经济利益最大化视为人们行为的理所当然的分析方式，他认为在资本主义社会的前社会阶段，人们的经济行为是深深嵌入于社会关系之中的，而非市场经济下的追求利润最大化。转引自黄宗智《华北的小农经济与社会变迁》，中华书局 1986 年版。

③ ［美］詹姆斯·C. 斯科特：《农民的道义经济学：东南亚的反叛与生存》，程立显、刘建等译，译林出版社 2001 年版。

④ 舒尔茨认为农民时刻都在算计收益，长期与投入成本、可能的利润和风险打交道的农民都是企业家。参见西奥多·W. 舒尔茨《改造传统农业》，梁小民译，商务印书馆 2006 年版。

⑤ 施坚雅基于中国农村的研究发现，农民的经济行为一定程度上依附于基层市场而不是植根于社会。从根本上来看，中国农村农民的行为具有明显的"经济理性"特点。具体参见施坚雅《中国农村的市场和社会结构》，史建云、徐秀丽译，中国社会科学出版社 1998 年版。

⑥ Popkin, Samuel L. , *The Rational Peasant：Political Economy of Rural Society in Vietnam*, University of California Press, 1979；郭于华：《"道义经济"还是"理性小农"——重读农民学经典论题》，《读书》2002 年第 5 期。

民的行为选择逻辑，但在纷繁复杂的实践中，学者们也发现了"生存理性"和"经济理性"不是非此即彼的针锋相对状态，某种程度上是两者的结合，这也被称为理解农民行为逻辑的"第三条道路"。比如杜赞奇透过对中国华北地区农村的研究发现，"生存理性"和"经济理性"都不能很好地解释农民的行为特征。黄宗智同样基于中国华北地区的农村研究发现，农民（小农）既要维持生存也要追求利润，他们的行为选择没有一个固定的模式和标准，在很大程度上是根据特定的、具体的生存境遇所决定的。① 郭于华在充分回顾已有农民学经典研究的基础上，提出对农民行为的分析必须放在特定的、具体的生存境遇、制度安排和社会变迁背景中进行②，否则便成了一场无意义的争论。值得肯定的是，随着研究的深入，学者们认识到不能简单判定农民到底是"生存理性"还是"经济理性"，要将农民的具体行为放置在特定的情景之中分析。但归根结底，不论是哪一种研究取向或主张，依然还在遵循着"生存理性"与"经济理性"这一理论框架，并试图在这一框架内更全面且动态性地认识农民行为。

那么，在"生存理性"和"经济理性"之外，农民行为选择会不会遵循另一种逻辑？文军根据农民的不同追求目标，在以往的"生存理性"和"经济理性"之上，提出了农民行为的"社会理性"。他认为"社会理性"是"经济理性"的更高表现层次，以"合理性"和"满意准则"为行动者的行动基础，以行动者在追求效益最大化的过程中寻求满足和一个令人满意的或足够好的行动程序为基本特点。对此，他进一步解释道，在现实生活中，农民的行为表现是十分复杂的，他们不仅追求经济利益最大化也追求社会以及其他利益的最大化，但因为种种制约，农民一般都无法实现所有利益的最大化，现实

---

① 黄宗智：《华北的小农经济与社会变迁》，中华书局 1986 年版，第 5—7 页。

② 郭于华：《"道义经济"还是"理性小农"——重读农民学经典论题》，《读书》2002 年第 5 期。

中的他们也倾向于在众多因素的权衡之中寻求一个"满意解"①。

在中国传统农村社会中，农民行为选择具体遵循着何种逻辑？笔者通过对河甸村村民是否选择造林的研究发现，村民遵循的既不是"生存理性"也不是"经济理性"，而是"社会理性"。需要进一步说明的是，河甸村村民表现出的"社会理性"是综合权衡经济利益（植树造林的潜在收益）与情感因素（与村干部之前的亲戚朋友关系以及特殊情感等）之后做出的行为选择。这也充分展现了村民在无法实现经济、社会以及其他所有利益都最大化时，他们退而求其次，在尽可能确保经济收益的同时也照顾到情感因素。

首先，经济收益是村民考虑是否加入植树造林行列的原因之一。对于河甸村村干部的多次上门动员，被动员的村民（村干部的亲戚和朋友）对是否承包荒山造林进行了思考。其中，种树的经济收益是否可观是他们重点考虑的内容。实地调查中了解到，虽然被动员的村民了解植树造林的难度，但凭借丰富的实践经验，结合村干部的详细讲述，大致判断植树造林的成活率较高，植树造林的经济收益可观。在村民看来，两元钱一亩荒山确实不贵，因为栽种的是本地杨树苗，树苗不用花钱购买，剩余的便是植树造林过程中人力等的投入，对于以农为生的村民而言，这些劳动成本可以忽略不计，植树造林的总成本不高。树苗一旦成活并扎根生长后，便可以依靠自然降水等条件生长，无需额外管护，少则5—8年，多则10—20年，树苗便都能陆续成材，不论是自家建房使用还是出售，都是一笔可观的经济收益。

其次，情感因素是村民考虑是否加入植树造林行列的原因之二。从村干部与被动员村民的关系来看，他们不只是熟人社会中的普通邻里关系，更是亲戚和朋友关系。他们之间的关系是建立在亲缘关系和

---

① 文军：《从生存理性到社会理性选择：当代中国农民外出就业动因的社会学分析》，《社会学研究》2002年第6期。

地缘关系之上的，他们属于"自己人"的认同圈范畴。实地调查中了解到，面对村干部的动员，村民除了重点考虑经济收益之外，也考虑了与村干部之间的情感关系。正如村民所言，"他们之间不是亲戚就是朋友，这层关系没法否认也不能绕开"以及"他们之间有特殊的情感，不是大是大非问题，一般情况下，他们都不能互相伤害，也不能把事情做绝"，等等。正是基于与村干部之间的这种特殊关系，被动员的村民也愿意相信村干部不会欺骗他们。

总之，面对村干部的动员，村民在考虑是否加入时，他们不仅权衡了植树造林的经济收益，也考虑了与村干部之间的情感关系。由此可见，村民在具体情景下的行为选择所遵循的原则既不会偏向完全经济理性，也不会偏向完全的非理性，而是会在情理上找到一条平衡的中间路线，以达到"合情合理"①，这便是笔者所认同的"社会理性"。而此时受到多重因素制约的村民已经不是一个完全的理性经济人，更是一个社会人，是一个生活在熟人社会中，并受熟人社会中各种习惯、默契、承诺乃至担忧所约束的人。②

（三）联户造林小组的形成

从前文叙述内容可知，村干部依托"亲疏化"原则和"区别化"策略依次动员了家人、亲戚和朋友，村民基于"社会理性"，同意承包荒山植树造林，至此形成了村干部以及他们的亲戚朋友共计 12 户家庭组成的植树造林小组。表 4 - 1 展示了村支书、村主任与村会计三人所动员亲朋好友的情况。具体来看，村支书动员的家庭最多，既有亲戚也有朋友。村主任次之，虽然村主任也动员了亲戚与朋友，但

---

① 翟学伟：《中国社会中日常权威——关系与权力的历史社会学研究》，社会科学文献出版社 2004 年版，第 256—257 页。
② 贺雪峰：《乡村治理研究、差序格局与乡村治理的区域差异》，《江海学刊》2007 年第 4 期。

是与村支书相比，数量明显少了。而村会计只说服了自己的哥哥承包荒山植树造林。三位村干部所动员家庭数量的差异表明了村干部动员能力依据村干部与村民的社会关联①强度的不同而不同。②

表 4 – 1　　　　　　　村干部与所动员村民关系

村干部	家人	亲戚	朋友
村支书	说服妻子	村支书表哥邢军和表姐邢芳，妻子堂姐李杰和表哥程东，认为村支书不会坑自己，大致判断树木成活率较高	陈华，目前是村支书亲家，集体时期生产小队长李明，与村支书关系好，经常在村里干一些挣钱活
村主任	说服父亲	堂哥马军，集体时期生产队长，农村工作与生产生活经验比较丰富	陈占兵，经常与村主任有金钱上往来和劳动上互助
村会计	说服妻子	哥哥柴国，比较相信弟弟所说的植树是一件便宜事儿并能从中赚到钱	—

注：表格内容根据村干部及村民的综合访谈信息整理而成，"—"代表没有此项内容。

在村干部的有效动员下，原本相互独立的 12 户家庭，因为共同目标组成了一个自愿性的联户造林小组。虽然这个植树造林小组的规模不大，小组内的家庭数量不多，但相对于前期村民的不配合，至少在村干部的努力宣传和动员下，被动员的家庭逐渐认识到了"植树造林具备较大成功概率"，"植树造林是一件既可以自己获利也可以改善村庄环境的好事"。最关键的是，他们可以以一种相对平和的心态看待植树造林这件事情，逐渐扭转了前期普遍表现出的"事不关己，高高挂起"的冷漠态度和熟人社会中特殊的公正观念。

联户造林小组的形成打破了村干部"对上"和"对下"都无法交代的僵局，迈出了"留下来"植树造林，改善村庄生态环境的重要

---

① 贺雪峰、仝志辉：《论村庄社会关联——兼论村庄秩序社会基础》，《中国社会科学》2002 年第 3 期。

② 仝志辉：《农民选举参与中的精英动员》，《社会学研究》2002 年第 1 期。

一步。接下来，联户造林小组会如何开展具体的植树造林工作，其间又会遭遇哪些不可预测的困难，他们能否顺利度过重重难关并坚持"植树治沙、改善生态环境"呢？

三　联户造林的探索

在没有成功模版和成熟经验可借鉴的情况下，任何工作的探索过程都将充满诸多艰辛，这也必然要求特定的主体需要为之付出大量的心血。就 20 世纪末期而言，我国农村环境保护实践仍然不够成熟，在这种背景下，河甸村联户探索植树造林的艰辛程度可想而知。但即便如此，通过反思教训、总结经验，联户小组最终探索出一套适合当地的造林技术，造林工作陆续取得成效。

（一）联户造林的"艰难岁月"

"首遇"没钱包地的难题。经讨论决定，12 户家庭每户承包荒山 200 亩，承包期限 50 年，承包费用共计两万元。就当时来看，两元钱一亩荒山是一个小数目，但两万元却是一个天文数字。村民也被这笔费用"吓傻"了。

> 都是种地的农民，哪里有闲钱？说实在的，两块钱一亩荒山真不贵，但一共 200 亩，50 年，两万块！一算下来，都吓傻了，两万！我们那点存款还不够塞牙缝的，这钱到哪去弄？当时大家都穷，没有几家是富的，要是现在让我们包荒山，别说 200 亩了，包它个 2000 亩都不是啥事儿！时候不一样了，当时过得困难，真没钱包荒山，当时真是愁坏了。（2016 年 8 月陈华访谈记录）

面对无资金承包荒山的难题，村干部上下奔走。根据国家出台并承诺"给承包户贷款"的相关规定，同时在地方政府帮助下，村民争取到了当地农村信用社贷款。农村信用社同意给 12 户家庭贷款，同时规定每户家庭所贷款额不得超过两万元。至此，12 户家庭暂时解决了没钱包地的难题。

"再陷"选择何种树种的困境。解决了没钱承包荒山的难题后，村民接下来又面对如何选树种问题。一些人提议栽种经济价值更高的松树，一些人反对，12 户家庭又陷入如何选择树种的难题。经过多次讨论，考虑到经济条件的限制，12 户家庭最终放弃了购买松树苗的想法。同时根据早期植树造林所累积的经验，讨论决定栽种本地杨树苗并自己育苗。首先，村干部组织村民一起砍下高壮杨树上的一些树枝，然后将其统一剪成 1 米左右高，浸泡在水里，1—2 天以后取出来。其次，挖大约 1 米深的土坑（坑口两头大，底部小），采取"压枝条"的方法育苗，即把已经浸泡好的树枝埋进坑里，将枝头露出土面，依靠自然降水，枝条就会生根发芽，慢慢长成小树苗。

迫于资金短缺压力，村民选择栽种杨树苗。综合分析来看，他们的选择既是理性的也是合理的，与本地地情条件和村民切实的社会需求等高度契合。比如，从生长习性上来看，杨树高大、枝叶繁茂，较易成活、抗风力强、不易风倒、风折，有利于防风固沙。从经济效益上来看，杨树具备生长迅速、成材快等特点，经济效益可观。总体来看，杨树苗的选择至少遵循了气候相似、本地采集和综合考量这三项基本原则。气候相似性原则具体指选取物种的生长习性与当地自然环境基本吻合，不会出现"水土不服"问题；本地采集原则指所选物种为本地取材物种，具有耐寒、耐旱、节水、适应性强等特性；综合考量原则指所选择的物种不仅能满足生态功能，还具备经济、薪柴等价值。

虽然联户造林小组遭遇了没钱包地和如何选树种难题，但值得肯定的是他们都在想办法。比如，面对没钱包地这一"没有商量余地"的问题时，村干部转移注意力，向外界寻求帮助。此时，国家出台的"承诺给个体户贷款"等政策及时缓解了村民没钱包地的难题。相比于没钱包地，选择何种树种问题是有商量和回旋余地的。而村民十分清楚树苗的选择问题不是一个绝对的和没有任何商量余地的问题。相反，他们可以选择不花钱的本地杨树苗来代替。由此可见，不论是国家政策的支持，还是村民依靠地方性知识解决问题的思路，都对联户造林小组工作的开展起到了重要的推动作用。

没钱包地和选择栽种何种树种问题解决以后，村民开始了艰辛的植树造林工作。需要说明的是，此时的 12 户家庭均为单独劳动，在此也着重描述 12 户家庭在实践中重点关注的如何挖坑和取水这两项异常艰辛的工作内容。

标准化"挖深坑"工作非常困难。通过对前期植树造林经验的总结，村干部认识到荒山上挖坑栽树有一定难度。由于栽树的地方为荒山，土质为沙土土质。在地区常年干旱少雨的影响下，沙土中的水分很快就被大风抽干了，随之，地表也被一层干浮沙覆盖。表层的干浮沙流动性强，含水性差，如果直接挖坑，表层的浮沙会瞬间流回所挖的坑内。这意味着，如果直接挖坑将树苗插入沙土里，树苗必死无疑。凭借早期生态治理实践中积累的一些有益经验和技术要领，村干部要求村民先刮掉表层流动的 20 厘米左右厚的干浮沙，见到湿土以后，再挖深坑栽树，确保树苗的成活率。这一经验或者说技术是根据地区实际情况总结出的有益经验技术，即使村干部不重点强调和要求，村民也能理解并快速接受。但是，对于村民而言，挖一个、两个深坑不会疲倦，但是要在 2000 多亩的山坡上全部挖出标准化的深坑就是一件十分困难的事情了。对此，村民也回顾了挖深坑的工作难度和其中的艰辛。

他们几个（村干部）告诉大家得把干沙子刮走，见到湿土了，再挖坑，这样树苗成活得就好了。要是不刮掉干沙子，干沙土都流到坑里了，树就等于白栽了，栽在沙子上面的树肯定会死掉！我们都栽过树，这个道理都好懂，可是说得容易，干起活来就难了。你看吧，我们要挖大概40厘米宽、30厘米深的树坑才行，一个两个没问题，可我们是从早到晚地挖坑栽树，大家累得胳膊腿儿都肿了。（2016年8月村民柴国访谈记录）

"翻山越岭"取水和浇水工作十分不易。干旱地区的人们自有一套生存法则，村民探索实践出了利用抗旱水箱取水的便利。当地十年九旱，加之荒山上无法打井取水，迫使村民不得不利用马车装置抗旱水箱的方式，从两公里外村里水泡子处取水。水泡子附近泥泞，马车只能停在距离水泡子边缘两米左右结实一点的地面上，通过3人接力传递取水，将抗旱水箱装满。具体情形为：第一个人站在水泡子处用小水桶取水，传给中间的第二个人，第二个人传给站在抗旱水箱边上的第三个人，第三个人把小水桶里的水倒入抗旱水箱内。如此反复，直到装满为止。但在水从泡子到小桶再到抗旱水箱的整个过程中，水不停地洒，取水过程异常艰难。同样由于荒山沙土地难行，装满水的马车也只能停靠在半山腰处，再次通过村民接力传递的方式将水浇入树坑里。

"十年九旱"是当地（典型的北方农牧交错生态脆弱区）的主要气候特征，极端干旱年份，会出现春季一滴雨水都不下的情况。为了应对干旱灾害，村民只能人工浇水。为了保证树苗的成活率，一般情况下，村民一年需要给栽种完的树苗浇水2—3次。在每一次的浇水工作中，村民都需要重复完成从取水到浇水等不计其数的多个完整流程，一年浇水2—3次的艰辛程度可想而知。对此，村民也回忆起了当时艰难的取水场景。

　　取水、浇水的过程挺累人的，真是要人命了，每天穿在身上的衣服都是湿透的。你看吧，我们到水泡子里取水，得把马车停在两米以外，陷到泥里就更麻烦了。再看浇水吧，马没有那么大的劲儿，装满水的马车只能停在半山腰，这时候就得全靠人力了。说玩笑的，整个取水和浇水的过程就像跑接力棒赛跑似的，你传我，我传他的，真的很麻烦、很累。当时真吃了不少苦，现在都不敢想当时有多苦、多累了！（2016年8月村民马军访谈记录）

　　通过对村民具体植树造林工作场景的描述，深刻感受到植树造林工作的艰辛。对于一个常年劳动的村民来说，一般强度的体力劳动不会给他们造成多大负担，相反，如果让他们经常休息，他们反而会感到不舒服。但是通过对村干部与村民的深度访谈，以及从他们所描述的具体劳动场景来看，我们可以深切地体会到植树造林工作的困难程度以及12户家庭为此付出的种种努力。但是因为每户家庭都想在最短时间内完成栽树工作，所以他们也求助了村内的亲戚、朋友或邻里帮忙。在这种短时间、集中化的高强度作业中，难免会出现树坑挖不深、树苗踩不实以及水浇不够等问题。而在当地十分脆弱的生态条件下，这种作业方式也为树苗的成活情况埋下了很大的隐患。

（二）"进退两难"的处境

　　虽然植树造林工作异常艰辛，但现实是残酷的。1996年之后的连续三年时间，当地降水一直很少而且不均匀（见表4-2），地区干旱灾害频发。风增旱情，旱助风威，频繁的干旱和风沙灾害加速地表水分蒸发，缺乏水分以及避害能力的新栽种的树苗很快就陆续死掉了，村民眼睁睁地看着前期的所有投入都"化为泡影"。此时，没有参加植树造林的村民开始讽刺并嘲笑。比如"沙土地上根本栽不活树"

"真是白忙活一场""人不光要有力气,还要有脑子",等等。面对利益的损失以及村民的嘲讽,12 户家庭内部开始产生矛盾,并随之愈演愈烈,父子间、夫妻间吵架也变得频繁起来。在此打击之下,男人们见面后低头抽烟不语或者诉苦式地重复道:"要是能再多下一点雨,说不定树苗就不会死了,也不会白忙活了"。相比之下,女人们就不淡定了,她们见面后就开始抱怨,甚至时不时地抹着眼泪说:"就不该种这个破树,现在全赔没了,欠一屁股债,日子没法过了"。村民在灰心丧气中纷纷陷入了绝望,背着村干部,9 户家庭开始偷偷商量降低损失的办法,决定"及时抽身,退出不干了"。

> 我们靠种地生活,一年到头收不了几个钱,遇到旱年,就更少了。为了栽树,在信用社贷了款,紧接着树苗都死了,当时真感觉没活路了。日子过得太苦了,家里要钱没钱、要好吃的也没有。村里人笑话不说,家里面也天天吵架、闹矛盾,家不像家的。哎,当时就想,栽树还有啥意思,然后我们私底下就说要不就不干了,退出来算了,扔进去的钱也都不要了,不想再蹚这一浑水了,但说实话,都不甘心。(2016 年 8 月村民邢芳访谈记录)

相比于女人的喋喋不休与抱怨,男人似乎更理性。对于树苗陆续死掉的事实,他们一则表现出了灰心丧气,私底下商量退出计划,但也能对此进行相对客观的分析,即树苗死掉并不是说明树苗在本地栽不活,而是天气太旱了。正如他们所说的"要是能再多下一点雨,树苗就不会死了"。而从村民的话语表述中可知,是否及时抽身退出,他们内心较为矛盾。面对树苗的大面积死亡,他们感到绝望与灰心,但树苗的死亡恰恰是特殊年份自然灾害影响的结果,如果选择退出,完全放弃不干,他们心存不甘。而恰恰是这一矛盾心理,给他们留下了"可以继续拼一把"的动力,也为村干部提供了挽留住他们的契机。

令村民措手不及的是，村干部很快察觉到了他们的消极情绪，并施展了"软硬兼施"式挽留策略。村干部假借"谈心"名义召集村民到村委会"唠唠"，实则是一场"鸿门宴"。根据村民回忆可知，当晚村支书是最后一个到的，他喝了很多酒，在距离屋子一小段距离的时候，就开始故意抬高声调骂骂咧咧地说："我看谁他妈敢退出，我就跟谁没完！"但进到屋子里后，似乎像变了个人，他不再骂人，而是心平气和地跟大家说。他一会同情大家的遭遇，一会鼓励大家坚持，一会又褪去村干部身份"求"大家继续支持。如他不停地重复说："不是我们的错，是天太旱了。谁也不愿意看到这样，可是既然树苗已经旱死了，我们也没有办法。大家不要上火，我们重栽，树肯定能栽活。就当是帮帮我们吧，大家要是都退出去不干了，我们几个（村干部）也要完了。"虽然这种工作方式与人们想象中的村干部工作方式相去甚远，但是在具体实践中却是有效的。面对村干部的"软硬兼施"式挽留策略，碍于亲情、友情、人情、面子等因素以及"不甘心"放弃的心理，除1户家庭坚决退出外，剩余11户家庭选择继续坚持。正如村民所言："我们之间不是亲戚就是朋友关系，情面上抹不开！再说前期已经投入了很多，想再拼一把赌一次。"

不难看出，村干部将与自己有着亲缘关系和地缘关系的较强社会关联的家庭拉到一个人情网中并通过"谈心"的方式施压于他们，在无形间约束了他们的行为选择，化解了植树治沙实践中村民"进退两难"的矛盾心理。其实，村干部不是依靠制度而是主要依靠人际网络来调控人们的行为，个体的行为被各种人际网络所牵制，个人的利益实际上被裹在家庭、家族和邻里之中。① 值得强调的是，村干部牢牢

---

① 宋言奇：《我国农村环保社区自组织的模式选择》，《南通大学学报》（社会科学版）2012 年第 4 期。

抓住了村民的逐利心理，将"威胁恐吓"与"关系笼络"策略巧妙结合，拿捏住了挽留村民的分寸，没有过分放大村干部一职的正式权力并以权威力量压制、强迫家人、亲戚和朋友留下。相反，他们将正式权力适当悬置，并将亲情、友情等因素无限放大，在乡土社会差序格局结构以及特殊的人际关系特质下，将"正式权力进行了非正式运作"[1]。由此可见，村干部在说服某些个体或维系一个合作组织稳定发展的过程中，一定的正式权力、正式规则固然重要，但人情法则却显现出极强的适用性和实用性。[2]

联户造林小组稳定后，村干部和村民共同直面树苗大面积死亡的现实，认真讨论并重新启动了新一轮造林工作。在保留前期有益造林经验的基础上，重点反思了存在的问题，并尝试从技术层面进行探索和突破。

（三）乡土适用技术的挖掘与运用

适用技术的运用是生态治理中不可或缺的一部分。[3] 就我国当前的治理工作而言，工程治理效果不理想的一个重要原因是现代科学技术过于简单化。由于现代科学技术具有一刀切和标准化特点，实践中忽视了治理地的历史传统、自然环境等特征，结果在纷繁复杂的地方工作中遭遇严重挑战，出现"水土不服"问题，导致治理成效不理想。比如，一些地方简单接受并按照专业人员设计出的"一刀切"式技术和做法开展了治理工作，实践中很少考虑并具体分析治理地的降水量分布情况、土质特点、风沙灾害等地方实际情况，结果出现了

---

① 孙立平、郭于华：《"软硬兼施"：正式权力非正式运作的过程分析——华北 B 镇收粮的个案研究》，清华社会学评论（特辑），鹭江出版社 2000 年版，第 21—46 页。

② 罗家德、孙瑜、谢朝霞：《自组织运作过程中的能人现象》，《中国社会科学》2013年第 10 期。

③ Huber, J., "New Technologies and Environmental Innovation", *Journal of Product Innovation Management*, Vol. 22, No. 5, 2004, pp. 456 – 457.

"第一年种完树、第二年死一片"，树木成活率不高于30%的情况。①

　　对于技术应用为什么失败这一问题，一些学者认为技术应用成败的关键不在于技术是否先进，而在于技术是否与社会结构或文化相匹配，是否能真正惠及相关利益群体并让他们从中受益。② 由此可见，技术并非越先进越好，关键是技术要契合地方社会实际，适用性要强。在生态治理领域，当现代科学技术逐渐暴露出一些不契合地方实际的弊端以后，人们转而强调重视挖掘并发挥乡土适用技术在生态治理中的重要意义。诸多实践也表明，在既无外来资金支持也无标准化技术指导的情况下，当地人有能力从"生活环境主义"③ 出发，充分利用治理地一切资源，在有效结合地方自然环境特点和他们切实需求的基础上，探索实践出一套适合于乡土社会的适用技术。

　　从文化意义上来看，现代科学技术与乡土适用技术存在较大差异，而差异背后体现的是两种不同技术所依托的知识体系的不同。现代科学技术依托的是现代知识体系。这种知识体系"有着丰富的科学知识财富"，"对于它通过技术和组织手段来克服问题的能力深信不疑"，通常以变更自然为目标和手段。④ 而地方性知识是生活在特定的自然和社会条件下的当地人经过长时期的生产生活实践经验所累积而成的区域性特点明显的知识。⑤ 这种知识依靠人力和初级劳动工具，注重对自然的顺应，以及与自然之间的协调。⑥ 在现代社会背景下，

---

　　① 王婧：《草原生态治理的地方实践及其反思——内蒙古C旗的案例研究》，《西北民族研究》2013年第2期。

　　② 张茂元、邱泽奇：《技术应用为什么失败——以近代长三角和珠三角地区机器缫丝业为例（1860—1936）》，《中国社会科学》2009年第1期。

　　③ ［日］鸟越皓之：《日本的环境社会学与生活环境主义》，闫美芳译，《学海》2011年第3期。

　　④ 秦红增：《乡村社会两类知识体系的冲突》，《开放时代》2005年第3期。

　　⑤ ［美］克利福德·吉尔兹：《地方性知识》，王海龙、张家瑄译，中央编译出版社2000年版。

　　⑥ 秦红增：《乡村社会两类知识体系的冲突》，《开放时代》2005年第3期。

现代知识往往被过分推崇，地方性知识被贴上"落后"标签。相应地，现代技术也被当作神话一样崇拜。但是由于现代技术是乡村社会以外的一些专业人员或团队按照他们所掌握的知识设计的，并试图把这种现代技术（知识）单向性地输送或应用到不同地区的实践工作中，结果就出现了现代科学技术干预失败的局面。因此，人们需要打破唯现代科学技术（知识）论的崇拜魔咒，注重挖掘并发挥乡土技术和地方性知识在环境保护工作中的重要意义。

表4-2　　　　河甸村14年（1996—2009年）降水情况　　　　单位：毫米

年份（年）	降水量	蒸发量	年份（年）	降水量	蒸发量
1996	288.1	1981.7	2003	432.6	1484.2
1997	435.3	1972.3	2004	474.4	1500.8
1998	423.9	1448.1	2005	567.6	1168.6
1999	369.3	1480.4	2006	346.6	1289.4
2000	377.1	1385.4	2007	345.2	1499.0
2001	311.4	1164.7	2008	516.8	1337.7
2002	289.6	1576.6	2009	285.9	1317.9

数据来源：河甸村所在镇水利局技术员提供。

乡土适用技术的运用有助于环境的有效保护。河甸村植树治沙实践表明，本地人可以就治理地自然环境（降水量、湿度、温度）、土壤条件、适宜物种等进行充分讨论，通过直观感知，判断家乡自然环境状况，从而探索适宜乡土社会的造林技术。正如村民说：当地降水一直偏少，也不均匀。特别是1996年以来，极端干旱年份时有发生。如有些年份春季长达两个月不下一滴雨，导致土地极度干旱、龟裂，沙尘天气频繁。相关统计数据也证实了村民的感知信息。上表4-2所示，1996—2002年地区降水量比较少。村干部坦言，面对这种干旱天气，如果不进行适当的人为干预，栽完的树苗很快就会死掉。因此，为了对抗地区"十年九旱"的恶劣气候，他们重点关注了如何选择壮苗、如何浇水、如何固住流沙等环节。简单来说，乡土造林技术的总结与运用，是当地人依靠人力降低风沙速度与强度进而提高树苗成活率的应对策略。

鉴于短时间、集中化植树造林所带来的一系列弊端，经过讨论，11户家庭不再单独作业，而是选择联合行动，即在共同承包的2000余亩荒山上植树造林，不论快慢，所有家庭都共同帮助最后一户完成荒山上的栽树工作。经过不断探索，他们最终实践出了一套适合于当地情况的乡土造林技术。

遴选栽种生命力顽强的树种。在坚持气候相似、本地采集、综合考量等基本原则的基础上，为了节约投入成本，11户家庭依然坚持就地取材并自己培育杨树苗。重点选择并砍回粗壮杨树上新生长出来的两年或两年生以上的大树枝，这意在提高树苗对抗恶劣气候的能力。同上一次树苗培育过程基本相似，村民采用"压枝条"方式培育树苗，但对于挖出来准备移栽的树苗保护工作变得更为仔细。即保证每棵挖出来的树苗根部都带有足够多的湿土，然后用塑料袋或塑料薄膜将树苗根部包裹起来。这样一来，树苗就可以几乎保持同挖出来之前一样的生长状态，尽可能减少树苗移栽过程中因生长环境变化而出现的诸多不适情况。除了栽种杨树苗以外，造林小组还额外增加了少量黄柳等生命力顽强的本地物种。他们选取的主要依据是这些物种具备耐旱、抗寒、耐贫瘠等特性，依靠自然降水便可以扎根生长，生命力非常顽强。

咱们这儿的环境不一般，常年多风少雨，所以栽抗寒和耐旱的物种很重要，这是造林过程中必须要考虑的问题。物种要是不选好，盲目看外面说的哪些好，哪些值钱，哪些咋样咋样了，那就完了。得按咱们这儿的实际来，种一些皮实（不娇贵的意思）

的，不能盲目跟着别人干。我们都是生活在农村的老庄稼人，常年跟土地打交道，哪些（物种）活得好，哪些遇冷和旱就死了，都看得清清楚楚的。（2018 年 8 月村会计白桦访谈记录）

刮掉干浮沙见到湿土层后再挖深坑。为了提高土壤的蓄水能力，让苗木吸收足够多水分，村干部要求村民挖直径 50—60 厘米，深 40 厘米左右的土坑。与上一次相比（直径 40 厘米、深 30 厘米），土坑在宽度与深度上都扩大了。这意味着，此次挖坑工作更加费力。因此，村民在艰难的挖坑工作中也产生了"糊弄"的念头。村支书的亲家母（陈华的妻子）回忆道：

> 女人力气小，每天都挖大深坑，实在太累了。老董有一天偷摸在后面看着，我不知道，确实我挖得坑浅了，但是多浇一点水，树肯定是能活的，这我心里有数。可他倒好，说我挖得不行，我就说能行，他就急眼了。一气之下把我栽的那一排树苗全都拔出来了，还冲着我大喊这不是糊弄自己吗？重挖坑、重栽！你说说，他小声告诉我，我后面就挖深坑了，可他倒好，在那么多人面前，把我骂一顿，怪丢人的。（2018 年 8 月陈华妻子访谈记录）

重提往事，大家仍记忆犹新，并时不时责怪村支书董勇的"较真"。但他们也感叹："如果不是村支书的不近人情和较真，他们可能会因为身体上的疲劳而在后续栽树环节中越来越糊弄，所栽种树木的成活率也不会那么高了。"可以说，经过村支书的这一次责骂式警告，对待植树造林工作，村民们更加认真了。即使有"糊弄"的情况，但是与所要求的标准范围也不会相差太多。

重复浇水对抗干旱。对待树苗的浇水工作，村民也尤为重视。他们挖出已经育好的树苗，将其放入坑内，用脚踩实，而后浇水，最后再填一层干土，减缓水分的蒸发速度。不同的是，根据地区"十年九旱"的气候特点，为了提高苗木的成活率，此次苗木栽种过程中的浇水工作变得更为精细。即在树苗放入土坑之前，先往土坑内浇一桶水，待水渗透到一半的时候，将树苗扶正并将其牢牢地插入泥浆里。而后填土，再浇水，直到水分充分饱和，不再下渗。复杂的浇水环节能保证所栽种树苗"喝饱"水，这样可以起到抗旱、保墒和保活的作用。即使一个月不下雨，树苗也可以保持旺盛的生命力。

> 浇水很重要，栽树的时候不浇够水，天一旱、大风一刮，几天就都把水抽干了，树苗必死。咱们这春天风大，你也是这里人，咱们这些地方都差不多，一到春天就刮冒烟风（形容风大沙多）。树跟人一样，得让它喝饱水才行，要不根本没劲儿活的。栽树的时候，我们都商量好了，苦点累点都能忍，必须保证栽活树，不能再出现之前大部分树苗都死的情况。这不是闹着玩儿的，不能让这样的事情再发生。（2018 年 8 月村主任马占兵访谈记录）

抛撒杂物固定流沙。通过总结经验，造林小组发现肆虐的漂浮流沙会在很短的时间内抽干树苗和树坑内的水分，也容易吹倒树苗，降低树苗的成活率。为了固定住树苗周围的流沙，联户造林小组将家内或村里耕地上一些多余的庄稼秸秆、陈旧的树枝等杂物抛撒在已经栽好的树苗周围。这样既有效地利用了多余的秸秆和树枝，也保护了新栽种的苗木，一举两得。关于利用杂物固定植被周围流沙的做法，很多地方都有类似的经验。但是在很多地方政府主导的实践中，为了避免流沙袭击林草植被，地方政府会严格要求所雇用的村民按照技术员给出的建议"扎草方格"。毋庸置疑，"扎草方格"是草原生态治理中一种常见的固沙方式，但是必须承认，这种方式既耗时又费钱费力。相比之下，河甸村根据村庄实际探索出的抛撒杂物的固沙方式显得更加灵活有效。

> 不固住树苗周围的沙土，栽得再好，水浇得再多，树苗也难活。这是个大问题，后来我们商量，干脆把家里不要的秸秆和树枝都扔到山坡上去。当时，我们就用马车把多余的玉米秆、不要的旧树枝都拉到山上，到了山坡就往地上铺，横七竖八的，这下好了，树苗周围都有秸秆和干树枝挡风了，流沙不跑了，树苗也不会被吹得东倒西歪了。（2018 年 8 月村会计白桦访谈记录）

联户造林小组依托丰富的地方性知识，探索实践出了一套适合于当地的造林技术。就知识层面而言，不同于科学知识，地方性知识是当地人在长期的生产生活实践中总结出来的，是他们对当地特殊的自然环境特点、土壤条件、物种适宜性、民众切实需求等众多情况充分认识和客观把握的结果。在地方性知识的指引下，他们探索实践出了适宜于地区实际的乡土造林技术。相比于科学技术，乡土造林技术的成本更低、成效更高、适用性更强。

自 1996 年开始到 2001 年退耕还林之前，通过精心栽种、重复补栽（一旦发现有树苗死掉的情况，村民就会主动将其拔掉，然后重新挖坑补栽），联户造林小组共计完成了 2000 多亩荒山的植树造林工作。经过后期养护管理，树苗成活率高达 90% 以上，植树造林取得了较好成绩。对此，村会计说："真不是吹牛，我们栽的树，从东西南北方向看都成行成趟，一排排的整齐，不服气不行！"可以说，随着前期投入的增多以及树苗的陆续成活，联户造林小组已经完全没有了退出不干或及时抽身的想法，相反，他们变得积极主动。长时间的坚持与努力，不仅让联户造林小组，更让没有参与到其中的普通村民看到了"植树造林，改善村庄生态环境"的希望。

四 联户关系网络的建立

在村干部持续动员及村民的综合思考下，联户造林小组形成。其间，虽然经历了树苗大面积死亡和村民"想退出"的念头，但在村干部的"软硬兼施"式挽留策略下，综合理性与情感等因素的考量，除1户家庭退出外，11户家庭继续坚持植树造林。在后续频繁的交往与互动过程中，11户家庭之间不再是相互独立松散的状态，而是一个紧密联系在一起的整体。从农户的心态变化、农户间的信任和互助程度以及他们之间的关系状态来看，11户家庭之间已经建立起一张同质性较强、封闭性也较强的合作关系网。

农户心态更加平和。从前文叙述内容可知，12户家庭最初形成的造林小组主要关心的是怎样"短期见效"问题，即如何快速实现利益最大化。在利益的驱动下，农户心态过于急躁，结果是他们不能或者根本不想与其他农户共同商量、全盘规划植树造林这件"大事"。相反，他们前期只重点关注了如何挖坑和浇水这两项工作，将原本需要根据地方自然特点进行系统化讨论的植树造林工作，人为割裂成一个个相互独立的事件。而在遭遇干旱、大风等特殊年份的自然灾害后，新栽种的树苗也以大面积死亡而告终。相比之下，11户家庭合作关系网建立以后，他们在开展新一轮的植树造林工作时，没有了过于急躁的心态，而是根据地区的降水、风沙等情况共同商讨植树造林工作。依托丰富的地方性知识，探索总结出了一套适合于当地自然环境特点的乡土造林技术。随着树苗的大面积成活，各个家庭的心态也变得更加平和。

农户间的信任和互助程度更高。12户家庭组成造林小组后，各家各户单独作业。为了尽快完成进度，同时兼顾家庭内的其他事情，参与植树造林的家庭主动寻求村内其他没有加入的亲朋好友或邻里帮忙。实践显示，集中化的快速作业不可避免会出现挖浅坑、踩不实等问题，结果在遭遇特殊年份的自然灾害后，树苗大面积死亡了。植树造林家庭共同经历了树苗死亡和村民嘲讽后，逐渐懂得了合作的重要性。在新一轮的造林工作中，他们不再严格划分出每一户家庭所承包的 200 余亩荒山的界线，也不再选择各家各户单独作业的劳动方式。相反，他们共同在 2000 余亩的荒山上一起植树造林。其间，虽然会出现一部分家庭植树造林面积多和进度较快的情况，而另一部分家庭造林面积少和进度较慢的情况，但是各个家庭几乎没有为此产生过矛盾。他们已经达成共识，并且相信不论是进度快一些的家庭还是进度慢一些的家庭，他们都会共同合作，帮助最后一户家庭完成最后一棵树的栽种工作。可以说，此时家庭间的信任和互助程度都比较高了。

农户间的关系更为紧密。虽然首轮常规化动员失效了，但是在村干部依托亲疏远近关系开展的新一轮动员工作却奏效了，同意加入的 12 户家庭初步形成了一个造林先锋小组。但是，需要注意的是，围绕三位主职村干部，又可以具体分为村支书以及他的亲戚和朋友组成的 7 户家庭，村主任以及他的亲戚和朋友组成的 3 户家庭，村会计及亲戚组成的两户家庭关系网，不难看出，12 户家庭之间并没有完全实现融合，他们之间即使有少量互动，也仅仅局限在跟他们关系最亲密的某一个村干部所聚集起来的几户家庭内部。可以说，在内部结构存在明显区隔的状态下，各个家庭之间的联系度和紧密度都比较低。不同的是，经历了树苗的大面积死亡，11 户家庭间合作关系网建立以后，他们打破了单纯依据跟村干部关系远近而行事的逻辑和区隔状态。相反，在后续的植树造林工作中，他们主动联合起来，共同商讨诸多细节问题。随着交往和互动频率的增加，家庭间的关系变得更为紧密。

整体来看，虽然植树造林工作遭遇了诸多困境，但是联户造林家庭之间的关系变得越来越紧密，凝聚力越来越强了。我们可以看到，根据他们行为的意向内容（共同植树造林，实现利益最大化的目标），各个家庭不断调整互动模式，最终形成一个"功能性单位"①。家庭间关系变得越来越紧密以后，多个家庭在频繁的互动和交往过程中又建立起一种相对稳定的关系体系②，即由亲缘关系和地缘关系等多组"强关系"组成的关系集合体——关系网络。

不可否认，在现代化进程中，农村社会已经从相对封闭的状态发展到了比较开放的状态，但是在以亲缘和地缘为纽带的关系群体中，人们之间的关系总体上还是比其他群体中的人际关系更紧密一些。③从村干部依托"亲疏化"原则与"区别化"策略开展的动员实践可以看到，亲缘关系和地缘关系均发挥了重要作用。经过频繁的互动和交往，各个家庭有机地联系在了一起。他们彼此之间合作行为的达成除了经济理性之外，还有着浓厚的伦理和情感因素。可以说，围绕植树造林这一事件，联户合作关系网络是在"伦理、情感和利益"三个维度④上建立起来的，而不是只有利益维度，也不是只有伦理和情感维度。

不难看出，农户植树造林的经济行为已经嵌入个人的"强关系"社会网之中了。有关个体的经济行为，学者们一致认为不能就表面现象分析，要将其放置在特定的社会情景中全面解读。比如，格兰诺维特认为，个体与其他人的互动不能简单看作为一种经济行为。当人们在与其他人活动中寻求经济目的时，常常也混杂着追求社会交往、认可、社会地位以及权力（这些也是总体薪酬体系构成中除了货币以外的重要收益）等需求。⑤ 对此，波兰尼也持有同样看法。他认为，个

① ［德］马克斯·韦伯：《社会学的基本概念》，胡景北译，上海人民出版社2000年版，第35页。
② Mitchell J. CReay, The Concept and Use of Social Networks, in Mitchell J. CReay. Social Networks in Urban Situations：Manchester, Manchester University Press, 1969, pp. 1 – 50.
③ 胡必亮：《关系共同体》，人民出版社2005年版，第16页。
④ 陈俊杰、陈震：《差序格局再思考》，《社会科学战线》1998年第1期。
⑤ ［美］马克·格兰诺维特：《镶嵌：社会网与经济行动》，罗家德译，社会科学文献出版社2015年版，第83页。

体的经济活动通常镶嵌和拌缠在经济与非经济制度中，并且已经嵌入社会关系之中了。所以，如果想真实地理解个体的行为，就不能把他们的行为"剥离"于活生生的社会情景之外。这是因为"真实世界中的行动者既不是完全脱离社会情形下独立地做出选择，也不是完全被动地以外在制约和社会规范为瞻，而是在社会制约的条件下能动进行工作的行动者"①，其行为都是在效用最大化和稳定偏好指导下的行为选择。

由此可见，不同于一般意义上的经济行为，河甸村的联户造林行动包含了诸多情感因素。或者说，利益、伦理和情感共同构成了联户造林这一合作关系网络。不得不承认的是，不论是从物质还是精神层面来看，在联户造林的合作关系网中，村干部的家人、亲戚和朋友均构成了最持久和最稳定的支持力量。

联户合作关系网络的建立产生了以下四方面影响。一是提升了家庭间的凝聚力。由多组"强关系"建成的合作关系网将坚持植树造林的家庭牢牢地凝聚在了一起，他们彼此信任、共同合作、互相帮助，情感依赖特征明显。二是形成了诸多"不成文"的履约机制。由于各个家庭之间建立起了牢固的信任关系，所以由诸多强关系组成的合作关系网能更好地实现成员间的监督，有效地规范了农户的造林行为，减少了机会主义行为倾向。简单来说，在少数家庭组成的强关系网中，一旦某个人或某个家庭想"搭便车"或者"投机取巧"，其他人或家庭很快便会知道，那么这个人或家庭就会受到批评或指责，因此失掉面子，甚至被列入"黑名单"。在农村熟人社会中，人们都想得到其他人的好评，保持一个"好名声"，所以一般不会轻易冒此风险行事。三是实现了植树造林工作的有效传播和扩散。经过村干部及其亲朋好友的努力和坚持，植树造林取得了较好的成效，这无形中向村

---

① 曹德骏、左世翔：《新经济社会学市场网络观综述》，《经济学家》2012年第1期。

内没有参与植树造林工作的村民传递了这样一个信息，即植树造林是一件既赚钱也能改善村庄环境的好事。加之村干部及其亲朋好友的集体述说，植树造林工作的重要意义在封闭的农村熟人社会中也得到了传播和扩散。四是为大规模植树造林工作奠定了坚实的基础。经过村干部的努力以及联户合作关系网的有效传播，大部分村民逐渐认识到了植树造林是一件综合效益比较高的事情，这不仅降低了村干部后期宣传的工作压力，也为大部分村民加入植树造林行列奠定了重要基础。

第五章 组织化推动"绿色发展"

生态脆弱区的环境保护与经济发展是紧密联系在一起的。这意味着，对于这一地区而言，环境保护工作不仅要考虑如何恢复植被改善生态环境，也要探索发展"环境友好型"的生计模式，进而在环境保护与经济发展的互利耦合中，从根本上推动生态脆弱区的乡村绿色发展。依托联户家庭"植树治沙"实践探索出的有益经验，同时在国家与地方政府陆续出台的有关环境保护与经济发展政策影响之下，河甸村有序组织村民持续造林并发展生态农业，建成"林—农—牧"复合生态系统，村庄走上了生态、经济与社会良性运行的"绿色发展"之路，村落为基础的生态利益共同体得以形成。

从前文叙述内容可知，村干部依托亲缘关系和地缘关系有效动员了家人、亲戚和朋友，联户家庭探索的"植树治沙"实践标志着河甸村环境保护工作迈出了关键的一步。联户家庭在艰难的植树造林过程中不仅积累了丰富经验，探索出了一套契合于地方社会实际的乡土造林技术，而且他们在频繁的交往、互帮互助以及共同合作中建立起了一种相对稳定的关系网络。

从成效上看，联户探索的"植树治沙"实践是成功的。但需要清醒的是，这种成功是一种小范围、低层次的相对成功，毕竟参与到"植树治沙"实践中的家庭户数（12 户）比较少，植树造林面积（2000 余亩）也比较小。或者可以这样说，在河甸村大面积土地沙化

比较严重，生态环境问题较为突出的情况下，仅有 12 户家庭栽种的
2000 余亩树林根本挡不住风沙，也无法彻底改善村庄生态环境，更不
能从根本上稳定民心，夯实民众长久性"留村"生活、发展的基础。
这意味着，如果河甸村不继续改善生态环境，任由生态环境继续恶
化，村庄仍然面临着"留"或"走"的道路抉择难题。

为了彻底改善村庄生态环境，夯实民众生存基础，有效实现经济
发展，在国家相关政策的驱动下，村庄充分挖掘内部资源，实现了自
主创新，步入了大范围、高层次的绿色发展阶段。在这一阶段，参与
主体实现了从"少数联户家庭"向"村内大多数家庭"的扩展，内
容上完成了从单纯的"植树治沙改善生态环境"向"改善生态环境
同步发展生态农业"的突破。

从主体扩展情况来看，不同于从"三位主职村干部"向"联户家
庭"扩展的艰难过程，从"少数联户家庭"向"村内大部分家庭"
扩展的过程比较顺利。此时，村民大都选择主动加入，村干部仅通过
简单宣传便完成了对大部分村民的动员工作。经历了前期的造林宣
传、动员与实践，不论是参与其中还是没有参与其中的村民，都看到
了植树造林的成效，他们几乎没有了"植树造林具有较大风险和不确
定性"的担心，相反在长期的成本与收益计算过程中，明确地意识到
了植树造林兼具较高的生态效益和经济效益。特别是在国家陆续出台
相关政策并有效落实相关补贴的基础上，基于经济利益的考量，大部
分村民选择主动加入植树造林与发展生态农业的行列。

从内容突破情况来看，不同于前期联户探索"植树治沙"单纯改
善生态环境的实践，在后续绿色发展实践中，村庄不仅持续造林改善
生态环境，更注重实现生态环境与经济发展的有效融合。在充分利用
国家陆续出台的退耕还林、新农村建设、发展生态农业、精准扶贫、
美丽乡村建设、乡村振兴等相关政策并积极向地方政府争取相关扶持
的基础上，河甸村完成了大规模与多层次树林的营造（有序推进退耕

还林、综合性绿化整治以及探索发展经济林），实现了生计模式的生态转型（改变原有种植模式、发展"农牧结合"型舍饲养殖以及引导劳动力的非农化转移），建成了"林—农—牧"复合生态系统，实现了环境保护与经济发展的"共赢"，迈向了组织化推动"绿色发展"的新阶段。

一　大面积与多功能树林的营造

虽然联户探索"植树治沙"实践取得了一定成效，但大规模造林改善村庄生态环境仍然是河甸村当时面临的首要问题。2001年开始，在退耕还林等政策的推动下，村干部持续宣传造林。此时，村民已经意识到了植树造林的多重效益，大都选择主动加入，村庄进入了大规模营造多功能树林的时期。

（一）有序推进退耕还林

作为一项国家政策，退耕还林起因于1998年长江流域特大洪水所造成的巨大人员和财产损失。灾害的严重程度引起了党和政府的高度关注。1998年10月，国务院出台了《关于灾后重建、整治江湖、兴修水利的若干意见》，以"封山植树、退耕还林"为指导原则，通过实施退耕还林工程改善我国广大农村地区的生态环境。1999年，四川、陕西、甘肃三省率先开展了退耕还林试点工作。2000年，经国务院批准，长江上游、黄河上中游地区退耕还林试点工作正式启动。2002年，退耕还林工作全面启动。退耕还林工作旨在从改善生态环境出发，将容易造成水土流失的坡耕地有计划、有步骤地停止耕种，因地制宜地植树造林，恢复植被。对于退耕还林工程，国务院明确的扶持政策主要有以下五点内容：无偿向退耕户提供粮食；给予退耕户适当经济补助；向退耕户提供种苗补助费；鼓励个体承包和其他多种形式推进工程建设；采取中央财政转移支付方式，对因退耕还林造成的地方财政减收情况给予适当补偿等。

由于地处科尔沁沙地这一重要的防风固沙重地，彰武县一直以来都十分重视植树造林工作。自国家出台退耕还林政策以来，彰武县加大退耕还林、植树造林工作力度。在国家的政策影响、地方各级政府推动以及村干部的宣传之下，县域沙化最严重地区河甸村的退耕还林工作也于 2001 年正式拉开帷幕。

不同于村庄前期通过努力动员开展的艰难的"植树治沙"工作，此时，村干部与村民对于退耕还林都有了相对清楚的认识。从村干部的角度看，经历了前期的"上""下"双重压力挤压之后，他们非常清楚，持续的大规模植树造林、改善村庄生态环境仍然是他们当时工作的重中之重，也是保障他们生存以及能否永久性留在村庄生活的首要基础。

> 说实在的，前面造的 2000 多亩还不够，根本挡不住沙子，改善不了环境，也没法让老百姓好好活下去。村庄环境慢慢变差大家都是看在眼里的，当时要是不继续大规模种树，后面环境肯定会越来越差。这样下去，五年八年以后，也可能十年二十年以后，可能在村里又生活不了了。真等到那一天，政府要是再让我们搬走，那就一点商量余地没有了。当时很清楚，上面下来（退耕还林）文件，我们就天天宣传，劝村民把家里差一点的地都退掉栽树，也跟村民说只有造更多的树，改善环境的力量大了，才能彻底改善村庄的环境，我们也能一直在村里待下去。（2016 年 8 月村会计白桦访谈记录）

从村民的角度看，由于亲眼目睹了村庄前期开展的有关植树造林、改善村庄生态环境的相关宣传动员以及探索实践工作，所以他们对村干部宣传退耕还林政策的接受程度普遍比较高。关键是,村民已经意识到了退耕还林、植树造林所兼具的生态效益和经济效益。

首先,村民明白了如果不继续植树造林改善村庄生态环境,环境恶化后他们必须搬走的严重性。如果说村民认为1996年政府给出的河甸村"需要大规模植树造林改善生态环境,否则生态环境恶化后就必须搬走"的建议是政府"吓唬"他们的手段的话,那么当他们亲眼目睹了村庄栽树的过程以及生态环境持续恶化的事实以后,村民认识到了政府的话不是"儿戏",如果他们不主动搞好村庄环境,只能面临必须搬走的严重后果。

> 真不是闹着玩的,眼看着风沙越来越大,村里环境一年比一年差,村干部也说得大规模造林了,要不我们就得走。别提了,当时老百姓也都搞得紧张兮兮的,也知道不造林搞环境的话,我们就得"土豆搬家滚球子了"。(地方语,表示被动无奈离开等意思,2016年8月村民李占新访谈记录)

其次,村民看到了退耕还林的可观经济效益。相比于村民已经意识到的退耕还林改善村庄生态环境的重要性而言,经济效益更是推动村民退耕还林的根本原因。综合来看,退耕还林的经济效益至少包含三个方面:一是退耕还林的相关补偿。就当时的政策补偿内容来看,退耕还林家庭至少可以领取8年补偿款,每年每亩地全部折合成的补偿现金为160元(包括粮食和现金等)。此外,退耕还林的家庭还可以得到种苗补偿。这意味着,如果村民退耕还林,不仅可以拿到一定数额的固定补偿款,也不需要"自掏腰包"购买树苗。二是树林的潜在收益。对于退耕还林的家庭而言,几乎不需要太多的经济投入(种苗有补贴),只需要花费2—3年时间进行树苗的栽种、补栽和管理。根据以往经验,树苗成活以后便可以依靠当地自然条件生长。少则

3—5 年，多则 5—8 年，树苗便会陆续成材，不论是自家建房还是出售，都是一笔可观的经济收益。三是林下的草地资源。一直以来，村民都有发展养殖业的传统，大部分家庭养殖数量不等的牛和羊，对于农户而言，保证牛羊饲料的充足供应也是一件重要的事情。退耕还林以后，随着树木的生长，林下草地资源为农户发展养殖业提供了重要的饲料补充，减少了农户的饲料投入成本。综合对退耕还林经济效益的计算，村民认为退耕还林比继续耕种劣质土地的整体收益更高。

> 这个账是这样算的，你看吧，退耕还林一亩地全部合成现金是 160 块，好年头的时候，2000 年左右土质差的地，种玉米每亩纯收入 300—500 块。如果遭灾（干旱、风沙、霜冻等）的话，种子化肥都会赔进去。不好的年头，我们种地就是白忙活，要是这样的话，还不如把差地都退了，这样每年都有稳定收入了。
> （2016 年 8 月村民刘洪斌访谈记录）

对于村民而言，在关注退耕还林经济效益的同时，也想通过退耕还林契机改变他们一直以来"靠天吃饭"的被动状态。当地"十年九旱"，脆弱的生态环境严重制约着农业生产活动。村民十分明白，一些土质较差又无法通过灌溉的土地，一旦遭遇干旱等自然灾害，这些土地上的收入几乎为零甚至为负（投入大于产出）。当时来看，只有退掉这些劣质土地，才能做出更好的后续安排：或者选择承包更多好地耕种，或者专心发展养殖业。

在退耕还林政策影响、地方各级政府推动、村干部组织宣传以及村民的主动响应下，河甸村有序推进退耕还林工作。据统计，自 2001 年开始到 2012 年结束，村庄共完成了所有坡耕地的退耕还林工作，总计退耕还林 6031.99 亩（2001 年为 204.7 亩，2003 年为 2610.19 亩，2004 年为 632.1 亩，2006 年为 906 亩，2011—2012 年为 1679

亩），人均退耕还林面积高达 7 亩多。①

（二）村庄综合性绿化整治

在推进退耕还林工作的同时，河甸村开始有意识地规划村庄综合性绿化整治工作。绿化整治工作主要包括"道路硬化"和"三旁绿化"两项内容。

从前文叙述内容可知，河甸村距离其所在镇的直线距离大约 6 公里，但在道路中间有一个"大水泡子"和一个"大白梁子"。常年泥泞的"大水泡子"和黄沙滚滚的"大白梁子"共同将村庄通往外界的路拦腰截住了。2003 年公路修通之前，车辆很难进出，严重地影响了村民与外界的联系，导致河甸村村民在没事的情况下很少外出。人们不得已外出时，也大多选择步行。仅有少数饲养马的家庭选择用马代步。村民一般将马鞍固定在马背上，买一些铃铛和多彩细线装饰在马头上，将"宝马"打扮一番后，再骑马出行。②

面对如此艰难的出行环境，村干部带领村民开展了"移丘、填泡、修路"工作。2002 年秋，村庄通往镇的 6 公里左右外出公路正式立项。但因为仅向上级政府争取到了路面硬化的资金支持，路基的平整、夯实、摊平等前期工作仍然需要村庄自行组织完成。对此，村干部再次开展了动员村民出义务工。村干部不仅通过广播动员村民加入义务工行列，还在私下的很多非正式场合里频繁地做村民思想工作。虽然修路是一件公共事务，但却关系到每一个村民的切实出行问题，最后几乎全村劳动力都加入了进来。

2003 年春，村干部带领村民开展了"移丘填泡"工作。根据要求，每个家庭必须保证每天有一个人按时出工，同时鼓励有马车的家

---

① 河甸村村会计白桦提供数据。
② 这个习惯一直保留到现在，笔者在村庄调查时经常看到村民骑着装饰漂亮的"宝马"出门。

庭义务出马车。"移丘填泡"工作的主要内容是：将沙坡上（大白梁子）的沙土移入水泡子内。这一过程主要依靠马车和人力共同配合完成。一般情况下，一辆马车配备3—5个人，驾驶员将马车赶到沙坡半山腰处①，然后跟车的3—5人开始挖土装车，直到马车装满土。随后，驾驶员驾车顺坡而下，将马车停靠在沙坡下的水泡子边缘处，然后3—5个人将马车上的沙土卸下、平整。如此循环往复，直到村民共同移平了山坡，填平了整个泥泞的水泡子。

整个路修得不错，老百姓卖力，几乎没有偷懒的，被村民感动了。这条路修得不容易，虽然说政府同意给我们一点帮助，可这个帮助太少了，作用有限。要不是老百姓一起平大白梁子、填水泡子，这条路是修不起来的，村庄后面的造林也不会顺利。这条路修通了以后，方便了栽树，也跟外面多了联系。（2017年1月村会计访谈记录）

"移丘填泡"工作完成后，便迎来了重要的平整、夯实路基工作。相对而言，被夷平的沙坡地段上的地面较为硬实，而水泡子处则需要重复踩实。于是，村民首先将移动到水泡子处的沙土平整，驾车一遍遍将其压实。把水泡子处的路面压实以后，村民开始平整整条马路。王姓老人回忆道："在平整路的时候，我们每天都拿着一把小铁锹，不停地在路上走、看。看到稍微高一点的地方，就用铁锹挖掉一些土，看到低一点的地方，就填上一些土。看到哪里不硬实，就重新踩实。最后一看，我们平整的路基就像镜面一样。"前期的"移丘填泡"和"夯实路基"工作为后期施工队的按期开工提供了重要基础。

---

① 因为马拉车费力，车很快就会陷入沙土里。所以，马车会先停靠在半山腰处，半山腰处的土取完以后，借助村民的力量，再共同将马车推到山顶，然后再取走山顶上的土。

2003 年 8 月，公路全线通车，河甸村村民摆脱了出行难题。2015 年，公路再次翻修，彻底解决了村民出行难和村庄闭塞的困扰。

在"道路硬化"的同时，依托国家陆续出台的建设社会主义新农村等相关政策的推动，河甸村高度重视村庄"三旁"绿化工作。随着绿化工作的开展，村庄在重点植树造林绿化村庄的同时，也开始配合种植一些花卉美化村庄。具体来看，"三旁"绿化主要包括路旁、村旁和宅旁绿化三项内容。

"路旁"绿化。如果说道路硬化解决了困扰河甸村村民出行难的问题的话，那么"路旁"绿化工作的主要目的是为新修通的道路披上了一件"防护衣"。2004 年和 2005 年，为保护村庄新修通公路的路基和路面，防止风沙再次埋没公路，村干部组织村民开展了公路两侧"护路林"的营造工作。此次工作由村干部组织，村民义务出工，因为所栽树木归农户所有，农户栽树积极性比较高。依托前期丰富的造林经验，经过精心栽种、补栽与管护，截至 2005 年底，公路两侧树木几乎都已成活，共计栽种 1 万余株。

"村旁"绿化。由于河甸村的地理位置比较特殊，其不仅位于科尔沁沙地沙化严重地带，也是辽宁省彰武县与内蒙古自治区通辽市一个旗的交界地，所以河甸村的"村旁"绿化工作也备受重视。"村旁"绿化既包括围绕村民集中居住地这一小范围地带的植树造林工作，也包括辽宁与内蒙古交界一条狭长边界带上的植树造林工作。据统计，2005 年至 2012 年，村庄完成了"村旁"绿化工作，共计植树造林 2768.7 亩（16 万多株）。

"宅旁"绿化。2015 年开始，在建设美丽乡村政策推动的契机下，河甸村开展了"宅旁"绿化、美化工作。考虑到村内道路狭窄与村民出行便利问题，村内道路两侧只栽种了 1 行矮柳树（2000 多株），同时在柳树空荡处搭配种植了红、黄、粉等多种颜色花卉。庭院与村民的日常生活紧密相连，经过绿化与美化的村庄更是村民日常休息、活动、社交等场所。笔者调查中经常能看到一些轻松欢快的场景，比如在农闲季节，大人们喜欢坐在家门口的柳树下乘凉唠嗑，小孩子则聚在一起玩耍打闹，整个场面十分欢快热闹。

　　总体来看，依托丰富的造林经验，"三旁"绿化工作进展顺利，树木成活率高达90%。"三旁"绿化工作起到了明显改善村庄生态环境的重要作用。"路旁"绿化阻挡了风沙侵蚀公路，保护了路基免受强烈日晒，美化了街道。"村旁"与"宅旁"绿化减少了飞尘，为村民创造了优美舒适、清洁卫生的生存与生活环境。路旁、村旁与宅旁的树木与村内所有树林构成了一个林网，共同发挥作用保护着村庄和村民。作为森林生态系统的一个重要组成部分，虽然"三旁"绿化不能算作一个林种，但是它的重要性以及在林业工作计划中的地位是相当于一个林种的。① 从更大的尺度与范围来看，科尔沁地区是我国重要的农林产业区，也是典型的生态脆弱区，如果每个村庄都能加强路旁、宅旁、村旁等绿化工作，这将对区域内农村生态环境的改善起到积极的推动作用。

（三）探索发展经济林

　　在我国一些沙区，政府强调注重植树造林改善人们生产生活条件的同时，也鼓励地方积极发展经济林产业。在沙区产业化发展以及地方政府的推动下，2015 年开始，在综合考虑地区土质特点以及自然环境的基础上，镇政府尝试引进经济林，鼓励村民种植沙棘。沙棘为一种落叶生灌木，喜光，对土壤的要求不是很高，土壤适应性强②，一般在 400 毫米左右降水的地方便可以正常生长。具备耐旱、耐寒、抗风沙等特性，不仅容易成活，同时满足了生态与经济双重效益，被广

---

① 孙时轩：《造林学》，中国林业出版社 1992 年版，第 167 页。
② 沙棘在栗钙土、灰钙土、棕钙土、草甸土上都有分布，在盐碱土、沙土，甚至在砒砂岩和半石半土地区也可以生长。

泛地运用于水土保持工作中。^① 沙棘通常 3 年左右开始结果，5 年时进入盛果期，盛果期株产 2—5 千克。据保守估计，一亩沙棘的收入至少 3000 元，远远高于当地人种植玉米等粮食作物的收入。

为了鼓励村民发展经济林，镇政府在全镇范围内开展种植沙棘的宣传工作。初期，河甸村村干部便看到了经济林产业所蕴藏的价值，积极宣传动员村民栽种。实地调查中了解到，首先，村干部强调了沙棘具有较强的防风固沙这一生态价值，可以持续性改善村庄生态环境。其次，告知村民沙棘果树的收效更快，经济价值更高，一旦试种成功，不论是村庄还是村民都率先抓住了发展经济林的主动权。此时，对于河甸村的村民而言，他们选择单纯的退耕栽种杨树，只能暂时获得相应比例的固定补偿款，如果在相对劣质一点土地上种植沙棘，不仅能获得同样的退耕还林补偿，还可能在沙棘结果后获取更多的经济收入。对于经过长期计算过植树造林成本收益问题的河甸村村民而言，种植沙棘所能获取的经济收益再明显不过了。

一些头脑灵活敢于尝试新事物的村民率先选择在自家劣质土地上种植沙棘。据统计，2016—2019 年 4 年时间里，河甸村共栽种了1150.2 亩沙棘。^② 4 年时间的试种实验显示，沙棘果树成活率高达85% 以上，这不仅增强了村庄发展经济林产业的信心，也极大地激发了村民种植欲望。目前，沙棘仍然处于试种阶段，沙棘刚开始结果，还没有到盛果期，具体的经济效益还有待观察。即便如此，部分村民仍然十分看好并且表达了栽种沙棘的决心。比如，村民陈文强说道："土质差的地种啥粮食都收不了多少钱，要是退耕栽杨树，还不如栽沙棘。我一个亲戚在赤峰住（科尔沁沙地中心地带），他们那里沙棘种得非常好，现在都把沙棘果榨成汁卖了，听说很挣钱。明年打算让

---

① 我国西部和北部的新疆、内蒙古、陕西、甘肃、青海、四川等地都有大规模种植沙棘。

② 河甸村村会计提供数据。

他教教我，我也种种沙棘。"据了解，持上述想法的村民不在少数。

综上所述，通过 20 余年的坚持与努力，截至目前，河甸村累计植树造林 38000 亩，森林覆盖率高达 57%（远远高于 1996 年不足 5% 的森林覆盖率），村庄一半以上的土地面积都已被森林覆盖。大面积森林挡住了流沙，改善了区域内的湿度，调节了温差。生态环境的改善，夯实了生存基础、稳定了民心。由于森林的防护作用，湿地系统有所恢复，草地沙化退化情况得到了有效遏制，村内耕地得到了保护。而当民众明确意识到生态环境对经济发展具有促进作用时，他们更加积极植树造林并有意识地保护生态环境。

二　生计模式的生态转型

在村内总土地面积维持不变的情况下，随着森林面积的增加，耕地面积不断减少。此时，如果继续沿用耕地为主的生计模式已经负担不起村民日益增长的物质生活需要。为探寻有效的发展模式、巩固植树造林的成果，在国家政策影响以及地方政府推动之下，河甸村踏上了生计模式的生态转型之路。

（一）改变原有种植模式

舒尔茨认为，农业经营是以长期形成的社会习俗为基础的一种生活方式，完全以农民世代使用的各种生产要素为基础的农业可以称之为传统农业。在传统的自然村落中，每一代农民都接受祖传下来的"原种植结构"，这是世世代代长期选择的结果，被认为是合理的。每一代农民都只是在"原种植结构"上做点小的修正，因而最终导致了"没有发展的经济增长"的"农业内卷化"后果。正如舒尔茨所言，一个像其祖辈那样耕作的人，无论土地多么肥沃或其本人如何辛勤劳动，也无法生产出大量食物。一个得到并精通运用有关土壤、植物等科学知识的农民，即使在贫瘠的土地上，也能生产出丰富的食物。这种转变的实现是使用物质的或技术和知识加以改造的结果。[①]

2000 年以前，河甸村一直延续原有种植模式，表现为广种薄收、靠天吃饭和劳动力投入量大、现代技术知识应用较少两方面。当地抗旱耕作的重要特色在于以保墒为目的耕、耙、耢等一系列旱地土壤耕作程序，就当地的沙土土质而言，长期不间断的旱作农业耕种传统极大地破坏了土壤结构，使其在冬春大风季节更容易遭受风蚀和沙化。久而久之，土地沙漠化问题也越来越严重了。

不论是村干部还是村民，都切实感受到了原有种植模式所引发的耕地退化沙化问题以及耕地退化沙化后带来的直接负面经济影响。

> 我们村紧挨着科尔沁沙地，是土地沙化严重的地方。村里大部分土地都是沙土，用俗一点的话说，这个土娇贵。使用得太厉害，沙土很快就没劲儿（肥力下降的意思），以后种啥都收不了多少了。按照以前的土地沙化速度看，如果老百姓再破坏的话，10 年、20 年，还可能 50 年左右，村内的耕地就会变成种啥啥不收的沙地。要是这样的话，我们现在辛辛苦苦栽树搞的环境也白费了。（2018 年 8 月村会计白桦访谈记录）

为了进一步巩固植树造林成果，实现村民永久性不搬迁外地的愿望，村干部和一些头脑灵活、经验丰富的村民主动关注临近地区的有益做法，结合村庄实际情况，探索实践出了改变村庄原有种植模式的三种策略。

一是减少土地的翻耕次数。村内大部分沙质耕地处于轻度沙化状

---

① ［美］西奥多·W. 舒尔茨：《改造传统农业》，梁小民译，商务印书馆 2006 年版，第 2 页。

态，依靠自然条件或采取一定的人工措施，便可以满足农作物生长的需要，但这些宜耕沙地也需要格外保护。相关研究表明，通常情况下，除了干旱缺水以外，宜耕沙地还会面临土壤漏水漏肥、地表高温、微地形复杂等问题。虽然村干部和村民不能熟练掌握这些专业知识和术语，但是实践经验告诉他们，要减少对这些土地的干预强度。正如村主任所言："如果继续沿用已有的耕、耙、耢等一整套旱地耕种程序，土壤中的水分会快速增发掉，土壤肥力会下降，原本轻度沙化的土地很快就会变成中度或重度沙化的土地。"基于对耕种方式方法与土地沙化之间关系的这一认识基础，村民在实践中探索出了"尽量少翻耕土地"的保护策略。这一保护策略遵循的主要原则是在自然条件基本可以满足农作物生长的前提下，尽量减少人为干预土地的次数和强度。随着这一认识的提高，这种耕地保护策略逐渐被大部分村民接受和实践。

二是引进沙地适宜作物，调整种植结构。1949 年以来至 20 世纪 90 年代左右，河甸村种植的农作物品种较为单一，数十年都以玉米为主，播种面积占总播种面积的 90% 左右，花生等经济作物有少量种植，但多为农户自家食用。2000 年左右，村内粮食作物有所减少，经济作物有所增加，但粮食作物仍然占据高达 80% 的比例。近年来，村庄充分借鉴了周边村庄的一些有益探索和经验，试图种植经济作物，改变一直以来种植粮食作物为主的种植结构。比如，部分村干部和村民通过参加政府组织的农贸会了解到了当地沙土土质疏松，地下没有太多障碍物，比较适合种植山药和萝卜，风调雨顺年景下，种植一亩山药和萝卜的纯利润可以达到 2000—3000 元。在村干部的宣传和鼓励下，一些获取市场信息较快，并且敢于尝试和冒险的农户也开始实践了。

农闲时候，政府会组织村干部、农民到农贸市场上逛逛，看看外面，鼓励老百姓种些值钱的东西。我们附近一个县几个村种的山药和萝卜挺受欢迎，拿到农贸市场上大家都愿意买，为啥呢？因为他们种的山药和萝卜都是又长又直的，看着就喜欢，你说谁不愿意买？我们去了几次，慢慢跟这些农民熟悉了。就问他们咋种出来这么好的？后来知道他们县里鼓励种这些，说是咱们这里的沙土地适合种，沙土地下面没有啥挡着的东西，夸张一点说就是长到 1 米长都还是又长又直的，不会有弯度。我们一听，这个好啊，后来就开始鼓励一些脑袋灵活的年轻人种了。（2018年 8 月村会计白桦访谈记录）

三是粪肥替代化肥。随着村内牲畜数量的增多，村民充分利用粪肥。对于村内的养殖大户来说，粪肥产量多，他们会选择与种植大户合作，通过养殖户为种植户提供粪肥、种植户为养殖户提供秸秆的方式实现互通有无。而对于村内的一般养殖户而言，他们同时兼顾种地，粪肥与饲料基本可以在自己家内实现供需平衡。整体上来看，随着 2005 年牲畜饲养数量的不断增多，村内大部分家庭主要依靠粪肥滋养土地。相比于化肥，粪肥成本低廉，对农作物的不良影响很小，土壤系统中的微量元素和营养元素也逐渐丰富了起来。

村里养的牛羊多，粪也多，种地有优势。村里一万多亩地，其实粪是不够的，一些村民还会买化肥，但买得少。有点经验的农民都知道，用过粪的地劲儿足，养 3—5 年以后，跟不用粪的差距就出来了。现在大家都用粪肥。怎么说呢，夏天的时候，养殖户会把粪直接堆在门口，这空气也就难闻了。后来我们就劝大家费点力把粪拉到离自己家近的地边上，都是自己生活的地方，老百姓也就照着做了，现在我们不用闻臭气了。（2018 年 8 月村主任访谈记录）

不难看出，村民已经意识到了原有种植模式引发的土地沙化退化问题，重要的是他们行动起来探索出了一些有益的改造策略。虽然不能从根本上切断人对土地的干预力度并彻底解决土地沙化问题，但至少在土地利用过程中，村民已经意识到了保护土地的重要意义，并开始自觉地付诸实践。

（二）发展"农牧结合"型舍饲养殖

2005 年以来，由于村内牲畜数量的增多以及"散放散养"模式的影响，草场沙化退化、饲料短缺问题突出，严重了影响了养殖业发展，促使养殖户必须重新探索"低成本"的养殖策略。当时来看，破解饲料危机的出路似乎只有一条——外出购买。对于牲畜数量少的家庭，解决饲料问题没什么困难。但对于养殖大户来说，问题比较棘手。因为养殖规模比较大，他们不仅要考虑饲料能否持久供应，更要尽可能地缩减投入成本（而外出购买饲料将产生人员雇佣、运输等费用）。于是，养殖大户根据村内种植结构探索出了新型农牧结合的"舍饲养殖"模式。新型农牧结合中的"农"指种植业，"牧"指养殖业。村民通过在自家少量土地上集中种植青贮玉米和子粒玉米的方式为养殖业提供大量饲料，养殖业为种植业提供有机肥料，在农牧系统内部实现物质与能量的高效利用和转化，形成"以农养牧、以牧促农"的发展格局，有效化解了养殖困境。

通过不断实践，养殖大户的舍饲养殖技术逐渐成熟，主要包含"科学配比饲养、防病防疫、跟踪调整方案"等内容（见表 5-1）。从农业技术推广的角度来看，村民基于实践总结出的乡土养殖技术比政府提供的专业化、标准化的科学技术培训内容更加适用。因为这些乡土养殖技术能以更加朴实的、贴近村民生活的语言加以传播，更能坚实地扎根在农村社会。①

①　陈涛：《产业转型的社会逻辑——大公圩河蟹产业发展的社会学阐释》，社会科学文献出版社 2014 年版，第 60—63 页。

表 5－1　　　　　　　　　"舍饲养牛"的两种不同技术方案

主要项目	短期饲养（3 个月）	长期饲养（9 个月）
饲料	2 斤/头/天	根据牛重量增加喂养量，按月调整
玉米面	4 斤/头/天	根据牛重量增加喂养量，按月调整
青/黄贮	20 斤/头/天	10 斤/头/天
豆粕	1 斤/头/天	—
酒糟	—	按月调整
畜牧盐	1 两/头/3—5 天	1 两/头/3—5 天
小苏打	1 两/头/天	1 两/头/天

注：根据养殖户提供的数据整理所得，"—"代表饲养方案中没有此项内容。"舍饲养羊"与"舍饲养牛"模式基本相同，具体操作方案只需要养殖户进行适当调整。

随着养殖技术的不断成熟，村内一些相对富裕的家庭开始学习和模仿，养殖户陆续增多。2005—2014 年间，河甸村主要是养殖大户探索和相对富裕家庭主动模仿实践阶段。截至 2014 年，村内共有 71 户家庭发展舍饲养殖业。

按照收入可以将河甸村农户划分为三个理想类型，即富裕家庭、一般家庭和贫困家庭。一般而言，头脑灵活的各类精英家庭多为富裕家庭。精英凭借丰富的社会资本和突出才能，通过资源的有效整合和发展要素的集聚，一般都能较快地发家致富。一般家庭为村内的大部分家庭，家庭成员大多勤劳肯干。通过模仿富裕家庭的发展思路，也能实现增产增收。从群体致富的难易程度来看，贫困户的致富难度最大。那么，这一群体又将如何发展产业实现富裕呢？

2015 年以来，在精准扶贫战略以及相关政策的推动下，河甸村重点关注贫困户的致富问题。村庄结合县域产业发展规划，同时积极争取并利用上级政府的相关扶持政策，最终制定了贫困户发展舍饲养殖产业的计划，同时鼓励村内有劳动能力的贫困户发展这一产业。但是，因为贫困户既没有发展产业的资金，也没有相关经验，所以对于村干部动员发展舍饲养殖这件事情，贫困户不仅不看好，反而觉得是个笑话。对此，村干部做了以下三方面的努力。

首先，上门请教养殖大户。实地调查中了解到，遭受到贫困户的拒绝后，村干部（包括驻村书记）开始对发展舍饲养殖产业心存疑虑。于是，村干部多次跟村内养殖大户交流，重点探讨了"养殖产业发展前景如何、养牛还是养羊会更加合适"等问题；与此同时，他们也详细了解了村民对养殖业所持的态度，以及他们更愿意养牛还是养羊等问题。村庄结合养牛大户的建议和村民的真实想法后，认为组织村民发展舍饲养牛产业更具优势。一是契合地区产业发展基础和市场需求。村庄所在区域历史上是水草丰茂的科尔沁草原，养殖传统悠久而且市场需求量较大。二是村内养牛技术较为成熟。经过长期探索，养殖大户已经实践出了一套成熟的养殖技术，抗风险能力较强。三是农牧结合优势突出。村民主要种植玉米等粮食作物，而舍饲养牛也需要大量青贮、黄贮和玉米面等饲料，这不仅能实现大部分饲料在家户内解决，而且具备来料容易、储存简便、成本低廉等优势。四是村民接受程度高。相比于舍饲养羊而言，舍饲养牛更加节省时间，村民可以同时兼顾种植业。

2015年、2016两年，老董（村支书）经常来我家聊养殖的事情。我们两家住前后院，经常晚上坐一起唠一会儿。当时他问我最多的就是养牛养羊前景咋样？我当时就说，咱们这一直搞养殖，有经验。玉米种得也多，青贮玉米做粗饲料、子粒玉米做精饲料有优势。关键是，辽宁和内蒙古交界的地方，牲畜交易市场比较大。如果养得好，5年左右，老百姓富裕肯定是没有问题的。但是我也跟他明说了，村里面的人很勤劳，但是对于他们来说育肥牛是个新概念，他们肯定不敢迈步。要是有人愿意向村民介绍介绍经验，保证他们能赚到钱，他们才敢迈步，要不他们只知道

种地。(2016 年 8 月养殖大户李辉访谈记录)

其次，说服养殖大户帮扶贫困户。养殖大户对贫困户发展舍饲养殖业的认识和定位增强了村干部（包括驻村书记）的信心。对此，在各地都试图通过发展产业来摆脱贫困的大背景下，村干部积极向县政府、县扶贫办等部门争取支持。借助上级政府部门的力量，村干部最终说服了养殖大户帮扶贫困户发展产业。基于经济利益考量、个人威望提升以及熟人社会中人情面子等因素的制约，经过慎重考虑，养殖大户同意在资金、技术和销售等环节帮助贫困户发展产业。① 但是，作为理性的个体，养殖大户也提出了两点要求：一是每帮助贫困户购买一头牛，贫困户需要支付 100 元参谋费；二是养殖大户统一购置饲料、畜牧盐等物品，从中赚取运输费用。② 虽然养殖大户提出了一些要求，但在村干部看来也合情合理。重要的是，他们成功说服了养殖大户帮扶贫困户发展产业，贫困户脱贫致富的希望增强了。

最后，动员贫困户发展舍饲养殖产业。从前文叙述内容可知，贫困户认为村干部说服他们发展养殖业是个笑话的原因是"他们没有钱也没有经验"。对此，村干部在借助一定外力的基础上，已经说服养殖大户为贫困户提供资金、技术、管理和销售等方面的帮扶。这也就是说，村干部几乎帮助贫困户解决掉了他们的主要忧虑。根据贫困户提供的信息可知，村干部动员他们的主要内容为"咱们不能只知道种地了，一年到头，有个旱涝风灾啥的，种的庄稼就白费了，所以咱们要改变。你们都年轻力壮，穷是暂时的事情，谁不是从穷日子熬出来的？现在有政府的扶持，有养殖大户带领着，只要你们肯干，富裕是

① 在养殖大户的担保下，贫困户获得了最高 20 万元的农村信用社贷款。而在贫困户具体的产业发展过程中，养殖大户给予了技术和销售上等相关方面的扶持。
② 闫春华：《扶贫产业落地中"精英帮扶"的实践及内在机理——以辽宁省 Z 县 A 村养殖业为例》，《西北农林科技大学学报》（社会科学版）2019 年第 4 期。

早晚的事"。因为贫困户的主要担忧被逐渐化解掉了。随后，一些有劳动能力的贫困户陆续开始发展舍饲养殖。对于贫困户为什么同意发展养殖这一问题，村民邢海瑞解释道："村干部和养殖大户都是村里人，多少都沾亲带故，我们常年生活在一起，对他们的人品、能力都看在眼里，也比较信任他们。"我们可以看到，河甸村贫困户的信任明显是以亲缘和拟亲缘关系为基础的带有"圈子主义精神"的"熟人信任"①。

2015 年以来，河甸村主要是养殖大户帮扶贫困户发展舍饲养殖产业阶段。在这一阶段，共有 48 户②有劳动能力的贫困户加入养殖行列，加上已有的 71 户养殖户，截止到 2018 年，村内共有 119 户家庭发展舍饲养殖产业，牛的数量达到了 1500 余头，羊的数量达到了 2000 余只。

目前，河甸村村民在大面积耕地上种植粮食和经济作物，除了少量食用，大部分作为商品出售，而将小面积耕地产出的青贮玉米和子粒玉米为牲畜提供粗精饲料，这一部分土地产出的农产品为养殖业提供饲料，通过商品牛羊外销的方式为村民提供收入。以 2018 年为例，村民通过广泛使用大型农机具、灌溉技术、青贮处理技术、有机肥和种植高产种子等农业技术集成，村庄共使用约 4000 亩耕地（约耕地总面积的 1/3）③ 产出的青贮玉米和子粒玉米，便解决了村内 1500 余头牛和 2000 余只羊全年的粗精饲料需求量。

不难看出，新型农牧相结合的"舍饲养殖"模式是当地人因地制

---

① 赵泉民、李怡：《关系网络与中国乡村社会的合作经济——基于社会资本视角》，《农业经济问题》2007 年第 8 期。

② 据村会计提供信息可知，村内两个养殖大户李辉和王刚分别帮扶了 35 户和 13 户贫困户。

③ 调查中了解到，2 亩土地（1 亩青贮玉米和 1 亩子粒玉米）产出的饲料可以喂养 1 头牛，村内 1500 头牛需要配 3000 亩土地。同理，村内 2000 只羊需要配 2000 亩土地。由于还兼喂豆类作物秸秆、干草、豆粕等粗精饲料，所以村内实际种植的喂养牲畜的青贮玉米和子粒玉米的面积约为 4000 亩。

宜地利用和改造环境的创造性实践。其要点是：村民通过高效农业在少量土地上集中产出粗饲料和精饲料的方式为牲畜提供大量饲料，而牲畜的粪尿混合物则作为有机肥料流回大地，形成"牲畜吃青贮/子粒玉米—粪肥地"的良性循环，在农牧系统内部实现物质与能量的高效利用和转化，重新建立起了农业循环。① 相比于过度规模的"散放散养"模式，舍饲养殖切断了牲畜对草地的直接踩踏和啃食，生态危害度较低，有利于草原生态系统的较好恢复。

不论是在理论层面还是实践层面，产业都被认为是实现乡村发展的首要任务。对于乡村而言，发展何种类型产业、如何定位并发展特色产业、产业如何扎根地方并持续发展等都需要详细分析和重点思考。在一些地方因产业发展失败进而导致乡村整体性衰败的背景下，河甸村实现舍饲养殖产业良性发展的内在逻辑是什么？笔者认为主要有以下三点原因。

一是政策引导与农民主体关系的较好处理。从当前一些地方产业发展失败的情况来看，"过度行政化"和"过度外部化"是其失败的重要原因。产业发展的本质是以小农户为主体，进而培育农民的自我发展能力。但是在一些地方实践中，基层政府的行政逻辑往往成为约束农民发展的一个十分重要的外在结构性因素。具体来看，基层政府遵循的是"政绩型"行为逻辑。为了快速打造并上马新型产业发展项目，一些地方政府往往将一些他们认为合理的产业强加给农民。而原本应该作为产业发展主体的农民，却被当成了发展客体来对待。这就不可避免会出现政府全力打造的产业项目与农村实际情况和村民的切实需求存在严重偏差，出现产业无法有效嵌入地方社会的"脱嵌式发展"结果。因此，需要高度重视并避免政府对一些农村产业发展项目的过度干预，更需要充分尊重农民的自主决定和参与权。从而将政府

---

① 陈阿江、林蓉：《农业循环的断裂及重建策略》，《学习与探索》2018 年第 7 期。

的"要村民发展"逻辑转变为农户积极主动的"我要发展"逻辑。

案例村的产业选择与发展实践展现了政策引导与农民主体关系的较好处理问题。实地调查中了解到，地方政府根据县域内的养殖传统和种植结构等信息制订了一份"舍饲养殖"计划，至于每个村庄选择养殖什么，则由各个村庄自行决定，地方政府不加干涉。河甸村根据县域的"舍饲养殖"计划制订了具有村庄特色的"舍饲养牛"计划。具体来看，根据县域所制定出的产业发展规划，村干部进行了再认识和再定位工作。比如，村支书多次主动上门跟村内养牛大户探讨养殖产业前景如何、养牛还是养羊会更加合适等问题；也详细了解了村民对养殖业所持的态度，以及他们更愿意养牛还是养羊等问题。村干部结合养牛大户的建议和村民的真实想法后，一致认为组织村民发展舍饲养牛产业具备市场、技术等四个方面优势。不难看出，不论是从产业发展规划还是具体实践来看，地方政府都扮演着宏观指导和整体性规划的角色，而村民则充分发挥了主体参与和决策的权力。这种政策引导与农民主体关系的较好处理恰恰为产业的形成与发展奠定了重要基础。

二是生产行为"嵌入"生态之中。产业的短期内辉煌发展不足为奇，重要的是如何在产业形成后实现可持续性发展。从案例村所在的科尔沁地区来看，不论发展何种类型的产业，都需要以保护环境为重要前提。因为对于这一生态脆弱地区而言，制约产业发展的最主要和最基本的问题是生态问题。如果不顾生态环境的承载能力进行过度开发，地区经济发展也难以长久持续。因此，对于生态脆弱地区而言，产业类型的选择需要至少同时（或优先）兼顾经济发展和环境保护这两个重要因素。

基于对生态脆弱地区的这一认识基础，我们将不难理解案例村为何能够实现产业扎根后的可持续性发展问题。从"散放散养"到"舍饲养殖"模式的转型，意味着当地人意识到了生态不仅对于他们的生产行为有着重要影响，同时他们也将生产行为有效地"嵌入"了生态之中，意在经济发展中保护生态环境，以此来夯实经济发展的生态基础，最终实现经济发展与环境保护之间的互利耦合。作为一种地方性特点较为明显的生产行为，舍饲养殖不是简单的由生产本身决定的，而是一种嵌入生态之中的生态化的生产行为。从农业系统内部的循环情况来看，舍饲养殖实现了种植业和养殖业的有效融合。其中，种植业为养殖业提供粗精饲料，养殖业为种植业提供有机肥料，农牧系统内部实现了良性循环。我们可以看到，村民通过实践探索出的这种生态化的生产行为是人们根据地方生态、社会等特点，人为主动适应自然的结果。生态嵌入[①]较好地诠释了当地人的这种生态化的生产行为。即他们对生态环境的利用秉承的原则既非完全保护也不是过度开发和攫取，而是力图在利用中加以保护，并以实现"生产行为—生态环境"之间的动态性平衡为目标。从本质上来看，案例村的"舍饲养殖"产业属于生态型产业。生态型产业的发展有效地规避了生态脆弱地区产业发展中可能引发的生态问题。而这种以保护环境为前提的产业只要符合地区实际，便能够持续性地发展。

三是村民"共同经济利益意识"的形成。一般认为，个体在特定情形中的决策和行为取决于他如何了解、看待和评价行为的收益和成本及其与结果的联系[②]。聚焦于个案来看，村民选择发展舍饲养殖产业并非一个盲目决定。作为理性的农民，他们更在乎并精于计算成本和收益问题。正如上文所言，发展舍饲养殖，特别是舍饲养牛对于河甸村民而言具有诸多优势，而这也恰恰是他们选择发展并最终实现有组织的合作发展的主要原因。从村内每家每户的发展来看，他们似乎

---

① Whiteman G., Cooper W. H., "Ecological Embeddedness", *Academy of Management Journal*, 2000, pp. 1265-1282.

② ［美］埃莉诺·奥斯特罗姆：《公共事物的治理之道——集体行动制度的演进》，余逊达、陈旭东译，上海三联书店 2000 年版，第 57 页。

是相互独立的（实际上他们之间有着很多联系，如频繁交流经验和交换信息等），但"河甸村育肥牛"却是村庄得以形成一个整体并成为远近闻名的"明星村"的一致标签。特别是在信息快速流通的市场经济下，"河甸村育肥牛"的响亮品牌也为村庄带来了诸多公共利益。比如，随着村内育肥牛数量的增多和质量不断得到认可以后，原本需要村民自行到市场上销售的牛，现在很多情况下都是商人主动进村收购。而邻近地区一些想要发展舍饲养牛的村民，也开始结伴到河甸村参观学习，甚至请村内一些养殖经验丰富的养殖户进行相关技术指导。不难看出，村庄的舍饲养牛产业已经不是一个个独立的小农户概念，而是一个每家每户都联系到一起的整体概念。当村庄养牛品牌树立起来以后，村民也从中获取了直接或间接层面的经济收益。村民的这种"共同经济利益意识"[1] 更是推动村民之间有效合作和村内产业持续发展的内生动力。

（三）引导劳动力的非农化转移

人口是影响生态环境的一个重要因子，人口的环境压力主要通过人地关系[2]展现出来。根据前文叙述可知，外来农耕人口的不断增加以及人口增加后的过度放牧和滥垦滥伐等行为是造成科尔沁沙地生态环境恶化的重要因素。因此，对于这一地区而言，引导劳动力的非农化转移，以此来减少人口对当地环境和资源的综合性攫取力度，或许也是改善地区生态环境的一个重要策略。

一直以来，河甸村所在的县及乡镇内企业都比较少，村民也将依托土地为生视为理所当然，在世代传承过程中，他们养成了不愿意外

---

[1] 段新星、王秋月：《乡村困境中"共同经济利益意识"的凝聚逻辑及其限制——对S村"神婆修庙"事件的分析》，《中国农村观察》2016 年第 4 期。

[2] 朱国宏：《人地关系论——中国人口与土地关系问题的系统研究》，复旦大学出版社1996 年版。

出务工的习惯。但随着林地的增加，村内耕地面积越来越少，部分家庭剩余劳动力陆续从农业生产中解放了出来。为了引导劳动力向非农化转移，村干部也在有意无意地劝年轻人外出务工。为了提高家庭收入，2008 年以来，部分村民尝试务工。务工主要地点为坐落在河甸村的两个分别以"采砂"和"屠宰"为主的私营企业。

据统计，2018 年村内共有 40 余名村民在两个私营企业里务工。其中，30 余名村民在砂矿工作，其中 8 名村民为正式工，20 余名村民为临时工。正式工的年收入在 2 万—2.5 万元，临时工每天工资为120 元，年收入不确定。剩余 10 余名村民在屠宰厂工作。屠宰厂具体分为刀工（技术工）、力工、下水房工和腌皮子工四个工种，年收入分别约为 5 万、3 万、2.5 万和 2 万元。

通过在村内务工，村民不仅赚到了钱也照顾了家庭。对于这些有劳动力从事非农工作的家庭，生活水平有了一定程度的提高，这部分家庭也感受到了这一变化。而对于一些没有劳动力从事非农工作的家庭，他们开始羡慕这些逐渐富裕的家庭，并且慢慢转变了他们固有的"不愿意外出务工"以及"务工很丢人"等思维定式和认识误区。实地调查中了解到，目前村内年轻人开始积极主动地跟外界亲朋好友保持联系，少数年轻人也开始想到外地务工。

　　我家养了 15 头牛，种了 70 亩地，家里父母和媳妇管着，我自己在砂矿打工。这个活很轻松，只要看着机器转就行了，其他的都不用管。以前一直觉得打工不好，很丢脸，现在不这样想了，在村里就挣到钱了，激动啊！我越来越发现，还是打工有把握，种地有旱涝啥的，一年到头都会担惊受怕。我最近通过村里去江苏打工的朋友打听外面有没有靠谱的活干，要是有靠谱的活，我明年就领着媳妇出去打工。虽然在村里打工能照顾到家里，但是挣钱少。我想好了，我们俩出去以后，家里的地就少种

一点，父母在家轻松，我们在外面干活挣钱也不用太惦记家里了。(2018 年 8 月村民李子明访谈记录)

随着年轻人不断外出，村内从事农业生产的劳动力减少了。理想状态下，剩余的中老年家庭所耕种的土地面积也会随之减少，或者至少维持在目前的状态，不会再出现大规模毁林返耕和开荒耕种等情况。我们可以看到，河甸村劳动力非农化转移以及农业剩余人口非农化转移以后带来的非预期后果是缓解了人口对土地使用或攫取的压力。土地得以休歇后，生态压力减少了，村庄生态环境也越来越好了。

综上所述，村庄在优化生计模式的同时也在有意识地保护着生态环境。这也表明了，当地人已经意识到了生态环境对于他们的生产活动有着重要影响，他们需要将生产活动有效地"嵌入"生态环境之中，在经济发展中保护生态环境，以此夯实经济发展的生态基础，实现经济发展与环境保护之间的互利耦合。不论是改变原有种植模式还是发展舍饲养殖产业抑或是引导农业人口的非农化转移，本质目的都是为了实现利益最大化。但需要强调的是，村民在追逐利益最大化的过程中，并没有一味地选择破坏生态环境。相反，在生计模式的生态转型中，他们将生态环境保护作为一个重要的考量因素。从结果上来看，转型和优化后的生计模式不仅提升了村民的经济收入，也降低了村民人为破坏生态环境的力度，生态保护与经济发展实现了较好的融合。

三 "林—农—牧"复合生态系统的构建

从前文叙述内容可知，村民一方面大规模植树造林，积极改善村庄生态环境；另一方面又通过生计模式的生态转型降低人为破坏生态环境的力度。虽然两方面努力的根本出发点不同，但却围绕生态保护与经济发展形成了一股合力，建成了"林—农—牧"复合生态系统，实现了生态效益与经济效益"共赢"。在此基础上,村民的环保认知、观念和行为得到了正向强化。

(一)"林—农—牧"循环共生模式

中国是一个传统农业大国,历来重视种养结合,以此实现有机废弃物的循环利用,保持生态系统的平衡。"桑基鱼塘"作为农业生态文明的一种典范,是人们根据地区自然条件、因地制宜地利用和改造自然而又不破坏自然的创造性工程,其间蕴含着重要的生态智慧。然而,随着城市化、工业化进程的快速推进,化学农业逐渐兴起、传统循环生活方式断裂、生产生活领域的生态问题不断凸显出来。在充分汲取传统生态智慧的基础上,重建农业循环尤为重要。

所谓重建农业循环并非简单重拾并回归传统自给自足的发展模式,而是在现代化的市场机制下,充分整合资源优势和发展要素,把循环农业做大做强,促使现代农业向社会化、生活化和生态化的方向演进。就河甸村而言,通过大规模造林以及生计模式的生态转型,建成了"林—农—牧"循环模式。实现了林业、种植业和养殖业的有机结合,不仅在农业系统内部形成了林农、林牧和农牧三对子循环关系,三对子关系又共同构成了"林—农—牧"循环系统。

首先,从林业和农业之间的关系来看,大面积树林改变了区域内的湿度、温度、风速、土壤含量等区域小气候,优化了种植业环境。实地调查中了解到,因为温度、湿度等的升高、风沙速度的降低、土壤中有机质含量的提高,玉米等大田农作物的整个生长周期可以延长20天左右。对于村庄所在的农牧交错生态脆弱区而言,农作物生长周期的延长直接关系到粮食产量的提高。从整个地区来看,因为春季干旱导致的农作物种植迟缓、秋季天气骤冷导致的子粒无法生长饱满等问题严重影响粮食产量。而河甸村的优势是,近4万亩树林为农作物的整个生长周期都提供了有效庇护,粮食产量自然就会提高。随着粮食产量的提高，村民也更加主动地保护森林生态系统。

其次，从林业和牧业之间的关系来看，林业主要对畜牧业起着基础和保障的作用，但相对于林业对种植业的直接作用而言，林业对畜牧业的作用是通过保障种植业和草地系统（牲畜的饲料来源）这一中间变量，进而来保障畜牧业发展的。随着青贮玉米、子粒玉米和草产量等的提高，牲畜的饲料得到了保障，一般不会出现饲料短缺这样棘手的问题，舍饲养殖产业得以稳定发展。村民收入不断提高以后，保护森林生态系统的意识逐渐增强。

最后，从农业和牧业之间的关系来看，在林业的保障下，农牧之间重新建立起了农业物质循环链条。表现为种植业产出的青贮玉米和子粒玉米为牲畜提供了粗精饲料，牲畜所排出的粪尿混合物直接流回大地，为种植业提供了有机肥料，在农业系统内部实现了物质与能量之间的转换。值得提及的是，农牧结合不仅带来了经济收益还有效地化解了规模养殖的潜在环境风险。一般而言，在一个相对封闭的空间内大规模的发展畜牧业可能产生大量粪尿混合物，如果处理不当，将会引发空气、水体、土壤等潜在的环境污染问题。但是，河甸村却有效地化解了这一潜在的环境风险。不仅因为村庄高达1万余亩耕地为牲畜的粪尿混合物提供了足够的消纳空间，更重要的是，村民已经将"粪肥地"内化为一种生产习惯。从长远来看，村庄在发展经济的同时也优化了环境。

林农、林牧和农牧之间的循环共生共同构成了"林—农—牧"循环系统。林业主要为种植业和畜牧业提供了基础和保障，种植业为畜牧业提供饲料，畜牧业为种植业提供有机肥料。种植业和畜牧业得到有效发展后，村民生活水平不断提高，这又反向强化了当地人保护树林的态度和行为。村内林业、种植业和畜牧业三者之间相互促进，和谐共生。此时，村民已经自觉地意识到了树林与生计之间有效匹配的重要意义，并自发地维护整个循环系统的正常运转。

（二）村庄"生态—经济"系统良性运行

河甸村通过长时段、持续性植树造林恢复了沙地植被，改善了村庄这一小范围的微生态系统，通过构建"林—农—牧"循环共生模式，实现了农业系统内部或者说经济系统内部的有机循环，生态系统与农业系统（经济系统）的相互结合，共同促成了"生态—经济"系统的良性运行。

村庄微生态系统经历了漫长的恢复过程，主要体现在村内不同类型土地的使用情况发生了非常大的变化。根据村会计提供的信息可知，1996 年村内林地面积仅有 3307 亩，森林覆盖率不足 5%。虽然草地和湿地面积高达 35671 亩，占总土地面积的近 54%，但此时的大部分草地已沙化，湿地面积也在不断缩小。经过长达 20 余年的植树造林，截止到目前，村内共有林地面积 38000 亩，森林覆盖率高达 57%。林地中，34693 亩林地是由早期的 7840 亩荒地和 20821 亩退化草地和湿地转化而来，另有 6032 亩由退耕转化为林地的（见表 5 - 2）。

表 5 - 2　　河甸村 1996 年和 2018 年不同类型土地使用情况　　单位：亩

年份 类型	1996 年	占比（%）	2018 年	占比（%）
耕地	19332	29.2	13300	20.1
林地	3307	5.0	38000	57.5
草地与湿地	35671	53.9	14850	22.4
荒地	7840	11.9	0	0
总面积	66150	100	66150	100

资料来源：村会计提供数据。村庄及道路等其他用地面积约 200 亩，1996 年村庄受风沙影响较大，所以这部分面积被统计在荒地面积内。目前，农户房前屋后以及村内道路两旁都栽满了树，这部分面积被统计在林地内。由于其他用地面积占地很小，所以不再单独列出。

随着森林、草原和湿地等系统的逐渐恢复，村庄生态环境明显改善。

首先，区域内小气候得以改善。根据县林业局 2015 年观测数据显示①：村庄所在地区年平均土壤侵蚀模数由 20 世纪 50 年代的 3000 吨/平方公里，降到 1560 吨/平方公里；年平均风速由 20 世纪 50 年代的 3.4 米/秒降到 1.9 米/秒；六级以上大风日数由 20 世纪 50 年代的 71.8 天降到 12.8 天；沙尘暴日数由 20 世纪 50 年代的 2.9 天降到 0.8 天；空气相对湿度春季增加 8.9%，夏季增加 7%—13%；地表温差缩小，5—7 月温度下降 0.6—0.7℃，11—12 月增温 1—3.3℃；无霜期延长 10 天左右。此外，县林业局技术员还强调："树林起到了涵养水源的作用，植树造林有效地促进了地下水的蓄积，大面积树林的营造如同修建了一座小水库，效果显著。"

其次，土质营养元素丰富。2015 年以来，县林业局技术人员对当地土质变化情况进行了跟踪监测。结果显示：植树造林地段土质得到了改善，土壤的潮湿度、松散度及腐殖质含量都有所提高，土壤中微生物、有机质等含量丰富，并呈现上升趋势。② 对于土质营养元素变化的详细情况，技术人员解释道："随着林草等植被的生长与恢复，土壤里面有了蚯蚓等小动物。蚯蚓、蚂蚁等这些小动物的出现，意味着这个地方微生态的极大改善。"此外，技术员还强调了监测过程中的一个明显感受，即雨过天晴以后，土地不再是浓重的沙土味，而是有了一股清香味，上述种种迹象的出现都是土地质量慢慢改善的标志。

再次，植物、动物、微生物和谐共生。河甸村植树造林工作不仅验证了人工干预可以实现生态系统恢复的设想，实践显示，植被繁茂

---

① 县林业局造林股技术员提供数据。
② 县林业局造林股技术员提供数据。

以后，蛇、地鼠、野兔、野鸡、黄羊、鸟类等野生动物也逐渐增多。大片树林为野生动物提供了活动和栖息的场所，满足了野生动物的食宿要求。相应地，野生动物粪尿直接回林，为树木生长提供了养分。此外，树高草茂的潮湿林间地带，也生长出了各种菌类等微生物，微生物通过与动植物间的物质交换与能量循环，最终实现了三者间的和谐共生。对于生态环境的改善过程，县林业局技术人员说道："植树造林是一个漫长的恢复生态的过程。判断生态恢复效果是否较好的首要标准是整个生态系统是否真正恢复了。"怎么判断生态系统是否恢复了？只是在这个地方单纯种上一些树和花花草草，然后修剪得整整齐齐，这都不算是生态恢复。那么，生态系统究竟怎样才算恢复呢？只有树木、草类、蒿类等植被丰富了，动物、微生物群增多了，土质肥沃了，才有了稳定的生物链，植树造林的生态效果才算真正达标。

　　微生态系统的恢复为农牧业的发展提供了重要的基础和保障。为了呈现村庄的整体概况，笔者将河甸村6万余亩不同类型土地的主体功能进行了区划（见图5-1）。具体来看，约占总面积80%的是森林、草场和湿地，它们主要承担生态功能，为村民的日常生活和农牧业生产提供生态保障。耕地错落于林间，约占总面积的20%。其中约2/3的耕地生产粮食，除少量食用，主要为村民提供现金收入，约占农牧业收入的一半；约1/3耕地①的农产品作为牲畜饲料，最终以商品牛和羊的方式外销，养殖业收入约占村庄农牧业收入的另外一半。在1/3的饲料地中，约1/6的耕地提供牲畜的精饲料（子粒玉米）；另1/6的耕地提供粗饲料（青贮玉米）。

---

　　① 调查中了解到，2亩土地（1亩青贮玉米和1亩子粒玉米）产出的饲料可以喂养1头牛，村内1500头牛需要配3000亩土地。同理，村内2000只羊需要2000亩。由于还兼喂豆类作物秸秆、干草、豆粕等粗精饲料，所以村内实际种植的喂养牲畜的青贮玉米和子粒玉米的面积约4000亩，即耕地的1/3左右。

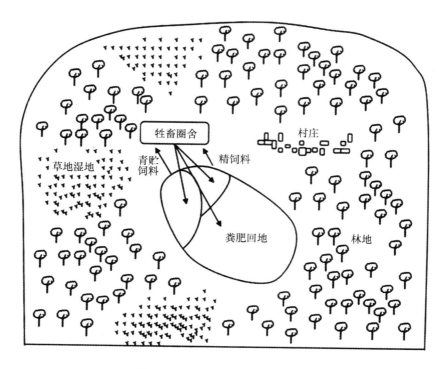

图 5 - 1　河甸村主体功能示意图

　　具体来看，随着生态环境的改善①以及灌溉、农机具等现代农业技术的运用，村庄种植业和养殖业得到了较好发展，村民实现了增产增收。以 2018 年为例，村内种植业和养殖业总收入约为 1469 万元。其中，养殖业的年总收入约为 725 万元②，占农业总收入的 49.4%；种植业的年总收入约为 744 万元③，占农业总收入的 50.6%，两者比

---

　　①　生态环境的改善为种植业和养殖业的发展提供了坚实的基础。具体来看，大田农作物播种期比过去提前了 20 天左右，由于农作物的发育周期变长，粮食产量也实现了稳步增长。种植业的较好发展为养殖业提供了充足饲料，极大地促进了村内养殖业的发展。

　　②　2018 年村内共有 1500 头牛，2000 只羊。每头牛的年纯收入约为 3500 元，每只羊约为 1000 元。因此，养殖业的总收入为 1500 * 3500 元/年 + 2000 * 1000 元/年 = 725 万元。

　　③　村内共有耕地 13300 亩，其中约 4000 亩土地产出的粗饲料和精饲料喂牲畜。剩余 9300 亩土地产出的玉米基本出售。平均每亩玉米的纯收入为 800 元左右，种植业的总收入为 744 万元左右。

例基本持平。按人口推算，农业人均纯收入约为 17572 元，由于一部分年轻人外出务工，所以实际的人均收入是不均衡的。一般的中年夫妻，如果两人都从事农牧业生产的话，年收入在 10 万元左右。村民有钱了以后，普遍变"懒"了，已经很少有人愿意去草地上打草喂养牲畜了。可以看到，种养结合的一个非预期后果是，减缓了草场压力，有利于生态系统恢复。

总之，河甸村经过长达 20 余年的探索与实践，成功突破了生态恶性循环，建立起了"生态—经济"系统的良性循环。"生态—经济"系统的良性循环具体包括生态系统内部的良性循环和经济系统内部的良性循环，以及两者相互交织的耦合循环。从生态系统内部的循环情况来看，森林、草原等植被逐渐恢复后，乔灌木层、草本层等组成的多元结构逐渐建立了起来，随之，由植物、动物、微生物等形成的生态系统逐渐趋于动态性平衡。从经济系统内部的循环情况来看，农牧充分结合以后降低了农户的生产成本，增强了村庄产业发展的内生动力，实现了村民增产增收。最终在资本形成的供给和需求两方面分别形成了"高收入—高储蓄能力—高资本形成—高生产率—高产出—高收入"和"高收入—高购买力—高投资诱惑—高资本形成—高生产率—高产出—高收入"两个子循环系统[①]，实现了经济系统内部的良性循环。从两者之间的耦合循环情况来看，"林—农—牧"循环共生模式既发展了经济也保护了环境，实现了"生态—经济"系统之间协同性、一致性和同步性的良性发展目标。

---

① 受到纳克斯"贫困恶性循环"理论的重要启发。该理论认为贫困恶性循环主要体现在两个方面。即从供给方面看，形成了"低收入—低储蓄能力—低资本形成—低生产率—低产出—低收入"的恶性循环。从需求方面看，形成了"低收入—低购买力—低投资诱惑—低资本形成—低生产率—低产出—低收入"的恶性循环。具体参见谭崇台主编《发展经济学概论》，武汉大学出版社 2001 年版，第 37—38 页。

（三）村民"认知—观念—行为"正向强化

环保感知层次逐渐提升。感知是个体或群体对某种事实的认知、反应与判断，是从直观感受到知觉的心理变化过程。从河甸村村民的环保感知层次来看，经历了从"无意识"到"潜意识"再到"自觉意识"的转变。在村干部广播宣传阶段，村民对改善环境几乎"无意识"，他们不合作结果便是佐证。在村干部按照亲疏远近原则开展第二次动员阶段，被动员的少部分村民对保护环境仍然处于一种"潜意识"状态，"环境"和"生态"等概念开始进入他们的浅层认知范畴，但却并未到达意识层面。此时他们主要关心的是植树造林的经济利益以及他们与村干部的特殊关系。在村干部宣传退耕还林等政策阶段，大部分村民已经意识到了生态或环境的"外部性"可以给系统造成经济损失或带来经济收益。[1] 正如村民所言："造林改善了环境，农牧业发展了，要保护好树林。"

环保观念逐渐深化与内化。自国家开始重视治理科尔沁沙地生态环境以来，地方政府和村干部便开始向村民传播"植树造林具有重要意义"和"保护环境就是保护家园"等环保信息和观念。与植树造林初期相比（1996 年为参照年），在物质生活水平不断提高的基础上，村民的环保意识和环保观念也在不断提升。如表 5 - 3 所示，相比于 1996 年，2018 年河甸村民的环保意识已经深化并内化为他们生产生活中的一个重要组成部分。具体表现为：村民更加关心村庄周围的生态环境，重视村庄生态环境质量，也逐渐认识到了自然环境对生产生活等存在较大影响；因为担心生活环境会越变越差，也愿意积极主动地参与到植树造林实践中；同时，对于植树造林可以保护和改善

---

① 陈阿江：《再论人水和谐——太湖淮河流域生态转型的契机与类型研究》，《江苏社会科学》2009 年第 4 期。

生态环境、维持生态系统平衡、造福子孙后代等诸多好处和意义也较为认同。

表5-3　　　河甸村1996年与2018年村民环保意识对比情况

年份 内容	1996	2018
对周围环境的关心程度	较低	较高
对村庄环境质量的关心程度	较低	较高
是否主动参与植树造林活动	较为排斥	积极主动参与
是否担心生活环境会越来越差	没有考虑过	较为担心并积极改善
认识到环境对生产生活有较大影响	几乎没有认识	认识到并自觉维护
认识到植树造林的诸多好处和意义	几乎没有认识	认识到并积极造林

注：表格内容根据对村内近50名村民的访谈信息整理而成。

环保行为的有效践行。环保感知与环保观念是人们践行环保行为的基础，而准确的环保感知和环保观念是形成合理环保行为的重要前提。随着村民环保感知层次和环保意识的提升，村内植树造林工作也得到了有效践行。从村民的环保行为来看，经历了从"初期的不愿意植树造林"到"少部分村民开始重视植树造林"再到"大部分村民积极主动植树造林"的转变。截止到目前，村内林地已达到38000亩。村民为了维护共同的利益和生态环境而组织起来，形成了一个具有相同价值观和利益共享的共同体，这个共同体运用传播途径、战略和技术进行环境管理和环境保护等实践活动。① 为了保护村内的森林资源，村民不仅每年春季主动开展树苗的补植、补栽工作，而且利用铁丝网将整片树林围封起来。村民经过商定还制定出了保护树林的村

① Flor, Alexander. *Environmental Communication*. Diliman, University of the Philippines-Open University, 2004, p.9.

规民约，即"三不准"原则，具体内容为不准滥砍滥伐、不准滥樵滥采和不准滥垦滥牧。

"感知—观念—行为"间的正向反馈。村民环保感知水平的高或低，环保观念的正确或错误，直接影响村民的环保行为和村庄的环境保护效果。高水平的感知层次和正确的环保理念有利于促成持续性的行为，且感知、观念和行为间形成正向反馈和良性循环；低水平的感知层次和错误的环保观念将会产生破坏性的行为，且感知、观念和行为间形成负向反馈和恶性循环。整体上来看，在外部政策影响、地方政府推动以及村干部的持续宣传下，河甸村村民的环保感知层次得以提升，环保观念逐渐深化并内化，村民不仅积极植树造林改善生态环境，以大面积树林为生态资源，探索实践出了"林—农—牧"循环共生模式。相比之下，距离河甸村 5 公里左右内蒙古的一个村庄却呈现相反情况。这个村庄依然延续半放半养的养殖模式和原有的种植模式，在土地总数量不变和人口日渐增多的压力下，由于村民以往过度砍伐树木和过度开垦荒地耕种，同时缺乏有效的生态环境保护实践，经过长时间累积性的破坏性发展，这个村庄的生态环境和生活水平与河甸村差距明显。不难看出，由于生计模式和村民环保观念的不同，两个村庄在生态环境、生活水平等层面产生了较大差异。

四　生态利益共同体的形成

共同体（Community）意指由某种共同的纽带联结起来的生命有机体。[①] 共同体的生成与人的生命意志相关，是人的意志完善统一体。滕尼斯认为共同体主要建立在自然基础之上的家庭、宗教等群体里，

---

　① ［英］雷蒙·威廉斯：《关键词：文化与社会的词汇》，刘建基译，生活·读书·新知三联书店 2005 年版。

可以具体分为血缘共同体、地缘共同体和精神共同体等基本形式，它们是有机地浑然生长在一起的整体。共同体具备的最大规律性特征是其内部成员长期生活在一起，他们之间相互熟悉、相互习惯，就某些事情可以共同商量、一起切磋并最终达成共识。① 对此，鲍曼也持有类似观点，他认为共同体是一个温暖而舒适的场所，是一个温馨的"家"，在这个家中，人们彼此信任、互相依赖。② 不难看出，共同体的形成至少包含以下三点内容：长期的且持久性的一起生活是共同体形成的基本前提，信任和沟通是共同体形成的基础，情感与认同是维系共同体的重要纽带。

依据不同的"共同性"，可以将共同体分为原生共同体和次生共同体。原生共同体是基于血缘、地缘等某种与生俱来的共同性而结成的，次生共同体则是基于宗教、文化或某种理性建构的共同性而结成的。从河甸村的情况来看，在村干部的组织之下，村民在长期共同植树造林和经济发展过程中，围绕着生态环境保护与经济发展联合成了一个目标明确的组织或曰团体。笔者将村民因生态保护和经济发展而结成的具有较为明确目标和长远共同利益考量的共同体概念化为"生态利益共同体"。生态利益共同体属于次生共同体范畴，不同的是，由于生活在一个村庄之内，村民之间又有着与生俱来的血缘、地缘等共同性。因此，可以将生态利益共同体视为一种既包含经济理性又具有一定情感基础的中间形态。但需要着重强调的是，生态利益共同体的生态保护、经济发展等理性建构特征更为明显，村民主要根据这一共同的利益目标而联合在一起的。

不可否认的是，自改革开放以来，在市场化浪潮的推动下，我国乡村社会原子化和个体化特点日趋明显。农民的经济理性逐渐超越社

---

① 参见［德］斐迪南·滕尼斯《共同体与社会：纯粹社会学的基本概念》，林荣远译，商务印书馆1999年版。

② ［英］齐格蒙特·鲍曼：《共同体》，欧阳景根译，江苏人民出版社2007年版，第4页。

会理性成为人们之间互动交往的主导因素。村民之间在保有情感的同时，更在乎经济利益和理性算计了。从已有研究成果来看，不论是文化心理层面还是经济学层面的经典小农研究，都一致认为小农经济具有规模小、分散化、组织化程度低等特征。曹锦清更是提出了中国农民"善分不善合"的特征，认为中国农民的天然弱点在于不善合。他们只知道自己的眼前利益，看不到长远利益，更看不到长远利益基础上形成的各家各户之间的共同利益。因为看不到共同利益，所以不能在平等协商的基础上建立起超越家庭的各种形式的经济联合体。①

毋庸置疑，经典小农理论为我们提供了小农经济所具有的一般性特征。但是，这并不代表所有的小农经济都是互相隔离的一盘散沙。河甸村的实践恰恰表明了，农民可以被组织起来。为了共同的生态经济利益，他们可以建成超越一个个小农户概念的"生态利益共同体"。因此，我们可以肯定地说，小规模、分散化的农民并非无法组织，相反，在特定条件下他们可以被很好地组织起来。总结来看，河甸村生态利益共同体的形成主要依托以下四个条件：一是村干部的关键性引领作用。回顾前文可知，从最初决定植树造林、改善村庄生态环境，到目前有序推动绿色发展，都离不开村干部的努力和付出。二是生态利益共同体规模较小。不论是植树造林还是绿色发展，村干部始终以村庄为单位组织村民。在村落这一相对封闭的空间范围内，因为村民面临着共同的"生态贫困"问题，具有共同的生态—经济目标，所以，当村民逐渐意识到这一利害关系后，他们最终选择加入了植树造林与绿色发展的行列。三是生态利益共同体的功能和目标十分清晰。归根结底，河甸村村民联合起来的根本目的是希望更好地实现、保护或者促进自身的经济利益最大化。或者说，村干部组织村民植树造

———————————

① 曹锦清：《黄河边的中国——一个学者对乡村社会的观察和思考》，上海文艺出版社2000年版，第167页。

林,实现绿色发展的直接动因是村民具有共同的生态经济利益诉求。四是生态利益共同体的自主性较强。目前,政府在很多时候都会介入村庄直接或间接管理村民,即便因为某一特定目标,政府把村民组织起来了,但这一组织的自主性往往都比较弱。相比之下,因为具有共同的目标,河甸村"生态利益共同体"这一组织内生的自主性就显得比较强。

综上所述,生态利益共同体是在政策影响、市场经济推动以及村民集体努力等因素共同作用下形成的。因为"利益"而相互连接在一起的村民,尽管他们依然生活在农村,对村落具有较高的认同感和归属感,且主要从事农业生产活动,但是他们已经被逐渐地纳入进了市场化链条中,在农业生产层面上对小农逻辑也进行了从"为生存而生产"向"为市场而生产"的全面转型。① 具体来看,基于利益所形成的村落社会形态及特点主要表现在以下三个方面:首先,从村干部与农民之间的关系来看,农民越来越成为一个独立的行动者。2006 年国家全面取消农业税以后,村干部与村民之间不再因"收税""征粮"等特定事件而频繁地联系在一起。相反,他们在身份上更加平等,除特定的公共事务之外,村干部对村民的约束力越来越弱,呈现出的是一种"互不干扰"的状态。而村干部之所以能把村民再次组织起来,主要源于他们具有共同的生态经济利益诉求。其次,市场逐渐取代村落成为村民获取服务、满足需求的重要主体,农民对市场的依赖程度越来越高。具体来看,在村庄陆续引进山药、萝卜等经济作物、发展舍饲养殖以及村民外出务工以后,村民已经逐渐从原有种植和散放散养式养殖方式等"靠天吃饭"的生计模式中解放出来,从事资金、技术、管理、销售等为一体的规模化、精细化产业发展,市场也逐渐取

① 王春光、单丽卿:《农村产业发展中的"小农境地"与国家困局——基于西部某贫困村产业扶贫实践的社会学分析》,《中国农业大学学报》(社会科学版) 2018 年第 3 期。

代村落成为村民赖以生存和发展的重要主体。最后，可预见的、共同的生态经济利益是维系乡村社会"生态—经济—社会"协调发展的重要纽带。

第六章　结论与讨论

回顾历史，北方农牧交错生态脆弱区因过度放牧、滥垦滥伐行为，致使生态环境恶化，农牧业生产受限，陷入"生态贫困"的恶性循环。调查地位于科尔沁沙地土地沙化"重地"，自"蒙地放垦"以来，深受农耕制度影响，到 20 世纪 90 年代中后期，生态整体性衰退，严重困扰了当地人的生存、生活和生产，迫切需要治理环境，否则只能生态移民。在"留"或"走"的抉择下，案例村村庄精英合作决策"留村护家"，一方面，依托血缘关系、亲缘关系组织动员村民，滚雪球式扩展参与主体范围，应用地方性知识植树治沙，恢复植被修复生态系统；另一方面，利用农业技术集成改造传统农业，实现生计模式的生态转型。最终，建立起"林—农—牧"复合生态系统，走上了生态、经济与社会"共赢"的绿色发展之路。生态脆弱区乡村绿色发展的根本之道在于重建了农业系统循环，实现了农业系统内部的有机融合。在此过程中，政策、组织、技术、文化等因素发挥了重要作用。纵观生态脆弱区的生态变化与发展历程，乡村绿色发展路径日趋成熟，前路漫漫，未来可期。

一 乡村绿色发展的根本之道

（一）重建农业循环

1. 生态贫困的社会根源：农牧系统冲突

生态脆弱区的脆弱生态环境与贫困高度相关，两者互相影响，恶性循环。从科尔沁沙地这一典型的北方农牧交错生态脆弱区的历史发展实践来看，也没能逃离因生态环境恶化而陷入的"生态贫困"（因生态环境恶化所引发的贫困恶性循环）怪圈。通过梳理历史文献，同时结合实地调查资料，我们发现科尔沁地区的生态贫困有其深层的社会根源。图 6-1 从相对抽象层面展现了科尔沁地区生态贫困的演绎逻辑。首先，在全面放垦蒙地的政策影响之下，山东、河北等地大量外来农耕人口集中移入牧区（内蒙古东部科尔沁地区为重要移入地），随后，汉族移民区形成，农耕制度引入。在空间不变的情况下，人口增加以后，需求自然变大，过度放牧和滥垦滥伐行为加剧，牧区林草等原生植被大量破坏，随之引发土地荒漠化等一系列生态失衡问题，久而久之，生态环境恶化越来越严重。其次，生态环境的恶化或者说生态系统的衰退，严重制约了农牧业发展，致使农牧业产出下降，地区经济发展动力不足，民众整体性收入低下，普遍陷入贫困状态。最后，为了养活不断增加的人口，维持基本生活需要，民众只能不断地向自然界过度索取，增加开发强度，结果又引发了新一轮严重的生态失衡问题。生态环境的恶化进一步约束地区经济发展，加剧贫困，最终陷入"生态环境恶化—贫困加剧"的生态贫困怪圈。

表面上看，科尔沁地区的环境恶化是外来农耕人口增加所致，但实质是农牧系统矛盾造成的。农牧系统之间存在本质差异，给生态环境带来的影响也不一样。传统的游牧生计模式，追求的是在大空间范围内"移动"，通过"四季游牧"的方式维持草原生态系统的良性运

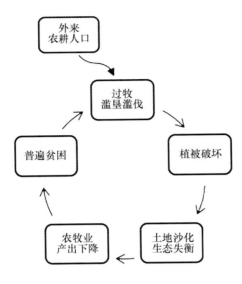

图 6-1　"生态贫困"的演绎逻辑图

行。在游牧传统中，牧民通过调和"草—畜"关系，整体性把握草原生态环境特点，培育游牧文化，一定程度上实现了草原生态环境保护与牧业发展之间的平衡。与之不同，农耕追求定居、稳定和封闭，可以在一个村落甚至更小范围内运转。在相对封闭的空间范围内，农耕人口的增加意味着需要开垦更多土地。但由于生产力水平有限，民众缺乏在使用中保护土地的意识，加之科尔沁地区生态环境脆弱，外来农耕人口的开荒耕种更多的是对土地的掠夺。比如，农民将草场开垦为耕地以后，只能靠天吃饭，而恰恰"十年九旱"又是生态脆弱区的主要气候特征。受降水量、气候、温度等自然条件的影响以及不断的风蚀和侵袭，这块土地的地力很快就会被耗尽，然后开始沙化，最终演变成寸草不生的流动沙丘。于是，农民只能丢弃沙化土地、重新开辟新地，陷入"越垦越穷、越穷越垦"的恶性循环。

　　科尔沁沙地的实际情况充分展现了农牧系统之间的冲突。继续深究，我们发现农牧系统之间的冲突，实际上是社会系统和生态系统之间的冲突。如果没有人为过度干预，生态系统内部尚且还能进行有效的能量转换和物质循环，实现系统的动态性平衡。一旦人们为了攫取利益而过度扰乱生态环境，就会导致生态系统恶化，严重困扰人类的生存与发展。

2. 绿色发展之道：重建农业循环

生态脆弱区的生态环境与发展之间紧密相关，生态环境不仅是地方经济发展的重要依托，更是人们赖以生存的首要基础。生态环境的恶化直接影响当地人及其后代能否在本地继续生存下去。因此，恢复植被修复生态系统是实现乡村绿色发展的首要环节。从前文叙述内容可知，过度放牧和滥垦滥伐是造成科尔沁地区生态环境恶化的主要原因。按照常规理解，只要停止这些行为，就会实现生态好转。但现实是由于科尔沁地区生态环境脆弱，原生植被过度破坏，仅凭停止开发行为，已经无法实现生态系统的自我修复，需要主动干预，从而加快生态系统的恢复。案例村的实践显示，在整体上控制过度放牧和过度开垦行为的同时，用"植树造林"作为修复生态环境的关键突破口。

改善生态环境的直接目的是保护民众赖以生存的家园，但衡量当地人能否体面地在当地生存、生活下去的关键指标是发展水平，由此可见，改善生态环境的终极目标是为了更好地发展夯实基础。对于农牧交错生态脆弱区而言，环境保护与经济发展紧密交织在一起。不同于一般地区，生态脆弱区的经济发展既要以提升民众收入为目标，也要以保护环境为前提。因此，探索"环境友好型"的生计模式是实现地区乡村绿色发展的根本环节。如果想实现生态和经济的互利耦合，需要全面转型这一地区的传统生计模式，实现大农业系统内部的有机融合。经过长期的实践，当地探索改造传统农业，实践出一种新型农牧相结合的"舍饲养殖"模式，以此代替了延续已久的滥垦、滥牧行为。

　　从整体上看，科尔沁地区生态失衡问题的主要原因是农牧系统之间的冲突，理想的突破路径似乎很简单，即调和农牧系统矛盾，实现农牧系统之间的互不干扰。但现实是，长期累积的矛盾引发了严重的生态失衡和普遍贫困问题，两者交织在一起，将生态脆弱区的生态—发展议题变得异常复杂，已经无法通过简单调和农牧系统矛盾，实现两者互不干扰的目标了。关键要深入问题本质，从根本上探讨现有环境、现有条件下如何重建农业循环，实现大农业系统内部的有机融合。从案例村20余年的绿色发展实践来看，不仅恢复植被修复了生态环境，也改造了传统生计模式，发展了新型农牧相结合的生态农业，关键建成了农业、林业、牧业三者间的良性运行，实现了生态与发展的共赢。

　　针对因生态环境改善、生态农业持续发展以及生态与发展之间相互促进的良性循环状态，笔者称之为"绿色发展"。图6-2展示了科尔沁地区乡村"绿色发展"的演绎逻辑。首先，从外围生态系统来看，村庄近4万亩林草植被调节了温度、湿度、风速等，改善了区域小气候，修复了生态环境，恢复了微循环系统。大面积林草植被保护着村庄和村民，为地区产业发展提供了生态基础和保障。其次，依托优越的生态环境，在转移小部分人口实现非农化就业的基础上，村庄重点探索发展新型农牧相结合的"舍饲养殖"产业，形成种植业为畜牧业提供粗饲料、精饲料，畜牧业为种植业提供粪肥的良性循环。再次，舍饲养殖彻底切断了牲畜对草地直接踩踏和啃食的影响，有利于林草植被的陆续恢复，土地得以休歇，地区微生态系统趋向新平衡，农牧业发展条件优越，民众整体性收入提高，实现普遍富裕。最后，为了进一步实现增产增收，民众积极发展"舍饲养殖"产业，同时有意识地保护大面积林草植被，在保护与发展中实现了绿色发展目标，走上了生态、经济和社会良性运行的道路。

　　从大农业的概念来看，农业包含着种植业、畜牧业和林业。科尔

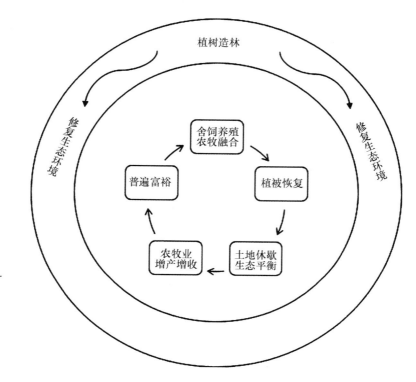

图 6-2 "绿色发展"的演绎逻辑图

沁河甸村实现绿色发展的关键之道在于重建了农业系统循环。这种大农业系统内种植业、林业和畜牧业的有机融合，不是简单回归传统，实现农牧系统之间的分离，暂时调和历史遗留的农牧系统矛盾问题，而是在漫长的探索实践中，将恢复植被修复生态系统与发展生态农业紧密融合起来，三者互相依存、相互促进。深究本质发现，农业系统的良性循环，实际上是实现了生态系统和社会系统之间的良性循环，从根本上解决了地区长久遗留的农牧系统矛盾。由此可见，唯有从根本上解决问题，重建农业循环，才有利于北方农牧交错生态脆弱区实现生态与发展之间协同性、一致性和同步性的绿色发展目标。

（二）重建农业循环的内在机理

在上级政府"施压"于村干部，村干部组织动员村民植树治沙、发展生态农业从而自我"解压"的过程中，科尔沁河甸村突破了"生态贫困"怪圈，重建了农业循环，实现了种植业、林业和畜牧业三者间的有机融合，踏上了生态、经济与社会良性运行的绿色发展之路，实践中收到了较好成效。在地区农牧矛盾突出和生态贫困较为普遍的背景下，案例村重建农业循环、实现绿色发展的内在机理是什么？下文将从政策、组织、技术和文化等层面加以分析。

其一，政策的引领与导向作用。一直以来，党和政府都比较重视环境保护与经济发展工作，从"环境保护上升为基本国策"到"可持续发展战略的确立"与"科学发展观的贯彻实施"到"生态文明建设的提出与深化推进"与"五位一体总体布局的提出"再到"人与自然和谐共生发展方略的提出"与"乡村振兴战略的实施"，彰显了国家对环境保护与经济发展等各项工作的重视程度逐渐提高。在诸多政策的引领之下，农村社会普遍发生了比较大的变化。从北方农牧交错生态脆弱区的生态变化与经济发展情况来看，政策在其中起到了举足轻重的作用。科尔沁河甸村的绿色发展实践就是一个典型表现。在国家和地方两个层面政策的推动之下，地方社会精英积极组织村民植树治沙、发展生态农业，最终得以实现生态与发展"共赢"的绿色发展目标。

具体来看，在科尔沁河甸村决定"留下来"植树治沙、保护家园以后，依据国务院下发的《关于治理开发农村"四荒"资源进一步加强水土保持工作的通知》，借助于植树造林等相关政策影响，村庄精英开展了动员村民承包"荒山"植树造林，改善生态环境工作，不仅让动员工作具备了合法性，而且也得到了农村信用社贷款，解决了联户造林小组的资金短缺等难题。虽然前期的植树治沙工作取得了一定成效，但必须承认，河旬村大规模植树造林工作的启动，以及生态农业的发展都是在相关政策的引领和推动之下完成的。比如，在退耕还林、新农村建设、美丽乡村建设、经济林发展等政策体系的推动之下，河旬村不仅有序推进退耕还林、"三旁"绿化和庭院美化工作，还积极引进并发展经济林（沙棘果）产业，实现了大规模与多层次树林的营造，极大地改善了地区生态环境。此外，在国家精准扶贫（更多为产业扶贫）、乡村振兴战略以及地方政府陆续出台的有关舍饲养殖产业发展等政策的驱动下，河旬村充分激发了政治精英和养殖精英的帮扶效应，探索实践并较好地发展了新型农牧相结合的舍饲养殖产业，实现了增产增收，也保护了生态环境。虽然政策是一种外部的推动力量，或者说，可以看成一个"一视同仁"的恒定条件，但是对于生态脆弱区的乡村而言，确实享受到了"政策红利"，这一点毋庸置疑。

其二，柔性的组织动员策略与村民主体性的激发。政策引领作用主要在宏观层面，归根结底是一种外部动力，如何最大限度地发挥政策作用，关键在于地方社会如何解读、转化并落地实践。换句话说，光有政策引领这一重要基础还远远不够，关键在于地方社会精英如何组织动员村民，将政策落实到实实在在的行动上。长期以来，政府不论是在环境保护还是经济发展上，都扮演着重要角色，为了满足管理需要，农村生态与发展工作大多依赖行政力量组织动员。为了加速推进工作进度、凸显政绩，地方政府往往用他们认为合理的、程序化的组织动员模式和策略开展工作，而原本应该作为农村环境保护和经济发展主体的村民，却被当成了客体来对待。实践中因为这种"他组织"模式严重脱离农村社会实际，引发了村落共同体功能弱化、村民被动参与等问题。

实际上，作为农村环境保护和经济发展的直接受益者、根本执行者和数量最多的主体，村民应该被纳入实践中并且作为主要的行动主体参与工作。但不可否认的是，由于原子化特点明显、村民参与能力不足等原因，如果不加以适当引导，村民自发组织的能力往往比较低，难以形成一个稳定的、持续的共同体。换句话说，即使村民有较强的环境保护和经济发展意愿，也可能因为各自分散的状态，无法将参与意愿转化为实践行动。这就需要一个合适的组织者采取契合于农村社会实际的策略将农民组织起来，从而在有效平衡村民个体利益与村庄集体利益的基础上推动农村生态、发展等工作的良性运行。

不同于一般情况，科尔沁河甸村村干部依托柔性的组织动员策略有效地将村民组织起来，最终形成了以村落为基础的生态利益共同体。与行政动员策略不同，河甸村村干部借助相关政策引领的力量与政府的扶持，积极地向村民宣传植树治沙的经济效益与生态效益，充分运用农村熟人社会中的亲缘关系、地缘关系以及人情面子等资源开展组织动员工作。最终，依托契合于农村社会实际的柔性组织动员策略，依次将家人、亲戚、朋友和普通村民组织起来植树造林、发展生态农业。实践中，我们发现，村民的主动性、主体性和探索性逐渐地被激发了出来，村民从"生活环境主义"视角出发，将他们在生产生活实践中积累的生态智慧，有效运用到环境保护和产业发展中。比如，在植树造林过程中，村民通过综合判断降水量、温度、湿度等自然条件，依托"气候变化—植被生长""物种遴选—社会需求"等丰富的地方性知识，探索实践适合当地特点的植树造林方法和养殖策略。又比如，在气候变异率高、自然资源极不确定的当地（生态脆弱区），村民基于对地区生态环境与产业发展紧密相关这一认识，在改善生态环境的基础上，探索发展新型农牧相结合的生态农业，建成"林—农—牧"复合生态系统，实现了环境保护与经济发展的共赢。

其三，乡土适用技术的挖掘与运用。技术是绿色发展中的一个重要因素，但技术是否适用，直接决定了技术效应的发挥。不论是在环境保护还是产业发展中，由于过度"迷恋"现代科学技术，导致实践效果不理想的事例不在少数。究其根本，现代科学技术具有"一刀切"、标准化等特点，是有针对性地解决一般性问题的，而我国幅员辽阔，现代科学技术无法兼顾到地方社会极其复杂的现实情况，技术下乡后也难免出现"水土不服"问题。由此可见，技术并非现代科学技术的代名词，技术应用的成败，不在于技术是否先进，关键在于技术是否适用，是否跟地方社会实际、社会结构或文化等相适应。

河甸村绿色发展实践的另一个关键要素便是乡土适用技术的挖掘与运用。不论是在植树治沙还是舍饲养殖中，村干部和村民都没有过度依赖现代科学技术，而是根据地方实际情况，探索适合乡土社会的适应技术。具体来看，在植树治沙实践中，村民根据地区"十年九旱"的气候特征、"风沙肆虐"的灾害特点、"保水性差"的土壤条件、农作物秸秆丰富等情况，探索实践出了一套集"遴选生命力顽强树种育苗—刮掉干浮沙挖深坑—重复浇水—抛撒杂物固流沙"等为一体的乡土技术。其间，充分发挥了陈旧的、废弃的农作物秸秆的固沙作用，极大地降低了植树造林的成本。同样，在舍饲养殖产业发展中，养殖精英、普通养殖户根据地区冬季寒冷的特点，选择饲养生存能力更顽强的西门答尔牛这一品种，根据地区种植结构特点，充分运用了黄贮，实现了玉米等粮食作物秸秆的资源化利用，极大地降低了养殖业投入。最终在选种、饲料使用、营养搭配、防病防疫等方面，探索出一套适用于乡村的低成本养殖技术。

总结来看，乡土技术是当地人根据地方社会的实际情况探索实践出来的，最大的特点是适用性比较强，实践中的应用效果比较好，更利于传播和扩散。

相对于外来的现代科学技术，农民对乡土技术的整体接受程度会更高，有利于乡土技术坚实地扎根在农村社会，保持长久生命力，持续性发挥作用。

其四，生态自觉意识的形成。从主体、行为和认知层面来看，案例村重建农业循环实践经历了从"被迫决策"到"生态自发"再到"生态利益自觉"的不同演变阶段。在"被迫决策"阶段，主要实践主体是村庄精英，他们迫于"上""下"双重压力，不得不从地情条件以及已有生态治理经验教训层面合作决策"留村护家"，而此时生态环境还没有真正进入他们的认知范畴。在"生态自发"阶段，主要实践主体为村庄精英及其家人、亲戚和朋友，虽然村庄精英经历了动员村民植树治沙的曲折实践，但最终围绕"植树治沙具备生态效益与经济效益"这一综合目标形成了联户关系网络。在联户造林的探索实践中，参与其中的主体逐渐意识到了改善生态环境的重要意义，初步形成了尚不具有明确生态理念的浅层生态认知。在"生态自觉"阶段，主要实践主体为大部分村民，他们充分利用村内近4万亩林草植被这一生态资源，通过探索发展新型农牧相结合的"舍饲养殖"产业，实现了农业、林业、牧业三者间的良性运行，建成了"林—农—牧"复合生态系统，并自觉维护系统平衡和稳定，实现了生态、经济和社会效益的"共赢"。而此时的村民，已经明确地意识到了生态环境的好坏直接影响经济发展水平，并在经济发展中自觉地保护生态环境。

究其根本，村民行为转变的背后是感知、观念和意识层面的变化。一般而言，环保感知水平的高低，环保观念和意识的正确与否，直接影响村民的环保行为。高水平的感知层次和正确的环保观念、意识有利于促成持续性的环保行为；而低水平的感知层次和错误的环保观念和意识将会产生破坏性的行为。聚焦于科尔沁地区来看，影响村民行为变化的是在村庄范围内形成的生态自觉意识。正是村民对生态环境与发展之间紧密关系的正确认识，最终形成了在经济发展中自觉保护生态环境的生产行为。

生态自觉是生态文明的重要内容也是生态文明建设的基础性工作。对于中西部生态脆弱区农业型村庄而言，生态自觉的形成有助于解决这一地区经济发展中的生态破坏问题，从而走上绿色发展的乡村振兴之路。但是需要着重强调的是，行为的转变以及生态自觉的形成，需要一个长时段的行为实践和意识培养过程，因此，在实践中，政府不仅要有意识地开展行为引导和宣传工作，也需要加强生态文化以及相关制度建设的工作力度。

二 乡村绿色发展的"梯次"推进路径

乡村发展是一个老话题，但绿色发展却是一种新的发展方式和理念。仅从字面意义上来理解，绿色发展至少应该同时兼顾环境保护和经济发展这两个重要方面。对于北方农牧交错生态脆弱区的一般农业型村庄而言，绿色发展是破解农牧矛盾"痼疾"、实现生态与发展"双赢"的根本出路。

我国地域辽阔，各地自然条件、资源禀赋与经济社会发展差异较大，马戎按照自然地理、土壤植被、气候条件以及经济社会结构，大致划分出了 10 个地区性生态子系统。他指出，划分子生态系统的目的意在说明每个子生态系统的地区自然资源分布、主要经济活动和面临的生态问题等方面的共性和特点[1]，以此为基础，探索符合地区实际的特色化乡村发展之路。

从我国整体情况来看，大致沿着 400 毫米等降水量线可以划分出西北游牧与东南农耕两个地区，而沿着 400 毫米等降水量线及向外延伸的地带恰恰就是农牧交错地带，也是典型的生态脆弱区。从长时段发展历史来看，农牧交错带交织演替着冲突和融合。当气候变干、变冷时，北方游牧族群不断南下，农耕线南移；当气候湿润、温暖时，

---

① 马戎：《必须重视环境社会学——谈社会学在环境科学中的应用》，《北京大学学报》（哲学社会科学版）1998 年第 4 期。

特别是在南方人口大规模增殖时，南方农耕族群则不断北上，农耕线随之北移。晚清以降，农耕区人口增加，加之政策放宽，大量农耕区人口北移西迁，农耕线也随之不断地北移西进。农耕人口移入后过度垦伐，致使这一地带生态更加脆弱，形成诸多生态性经济社会问题。

　　生态脆弱区的乡村发展问题是生态、经济与社会的综合性问题。生态脆弱区的乡村发展不仅要发展经济，更要首先解决生态恶化问题，为经济发展夯实生态基础和条件。那么，我们不禁要问，生态脆弱区能否在改善生态环境的基础上发展经济，实现生态与发展的"双赢"呢？从案例村的情况来看，答案是肯定的。作为一个典型的北方农牧交错生态脆弱区，科尔沁地区的情况表明，生态保护与经济发展紧密相关，制约这一地区乡村发展的最基本也是最重要问题是生态问题。为打破生态贫困状态，实现增产增收，科尔沁地区进行了有益探索。作为一个地方实践，案例村的绿色发展之路具有一定推广意义，可以为北方农牧交错生态脆弱区的乡村绿色发展提供一种可能的路径参考。

　　首先，恢复植被进而修复生态系统平衡是生态脆弱区绿色发展的优先之策。具体办法可以归结为三个方面。首先是"禁"。"禁"主要指"禁垦、禁牧和禁砍"。目前生态脆弱区都严禁开荒、砍伐森林，部分牧区实行禁牧措施。其次是"休"。"休"分为两种情况：一是"生态自觉"的休歇。如内蒙古大部分地区积极践行了国家出台的季节性休牧政策，草原生态得到较好恢复。二是"非农化的非预期后果"。主要是农村人口外流从事非农工作以后，缓解了人口对土地的压力，使土地得以休歇。最后是"植"，主要是植树、种草。从国家层面来看，陆续启动的三北防护林、退耕还林还草等工程已经取得了显著的成效。从民间实践层面来看，类似于河甸村的一些地方主动地开展了植树造林工作，改善了生存环境的同时也夯实了农业发展基础。此外，一些地区基于经济理性的考量，发展了沙棘、甘草等产业，在增加经营者收入的同时，也收到了非预期的绿色外部性。

其次，发展生态产业是生态脆弱区乡村绿色发展的根本之策。从生态脆弱区的实际情况来看，单纯的恢复植被还不够，还必须实现绿色发展，保证区域内民众更好的生活。改革开放四十多年来，国家的工业化、城市化不断推进，使一部分劳动力转移到非农产业上，家庭收入随之提高。与此同时，由于一部分乡村劳动力的转移，使留在本地人口的人地矛盾逐渐减缓了。相对于中原及东南沿海地区而言，农牧交错生态脆弱区的人均土地资源比较丰富，如河甸村人均土地面积达79亩，即使只计算总面积中20%的耕地面积，人均耕地面积也近16亩。因此，对于这一地区而言，一旦有了生态保障，就有了发展农牧副业的较好基础。如一些地区利用农业技术集成发展了农牧相结合的舍饲养殖业，一些地区依托大面积森林发展林下经济；另一些地区利用沙漠资源打造并发展了以"沙文化"为主的沙疗、沙漠旅游等产业，等等。由此可见，生态脆弱区只要利用好外部的优惠政策，根据地区优势匹配好特色产业，可以实现既美丽又富裕的绿色发展目标。

对于生态脆弱地区而言，虽然产业发展是乡村发展的核心任务，但是在产业发展过程中，首先要改善地区的生态环境，以生态环境为基本撬动点，实现"产业兴旺、生活富裕、生态宜居、乡风文明、治理有效"等整体性目标。总之，生态脆弱区的乡村绿色发展实践需要因地制宜和分层分步施策，避免简单模仿一些发达地区的成功经验后陷入"样板化"发展困境。

三 乡村绿色发展之路漫漫

北方农牧交错生态脆弱区因过度放牧、滥垦滥伐，导致生态环境退化，陷入"生态贫困"怪圈。科尔沁河甸村村庄精英依托血缘、亲缘等乡土社会关系组织动员村民，应用地方性知识、探索适用技术植树治沙，改善了生态环境；利用农业技术集成改造传统生计模式，探索发展生态农业。最终，重建了农业系统循环，走上了生态与发展"共赢"的绿色发展之路。

绿色发展不只是一个静态概念，更是一个动态过程，其间充满了诸多不确定性。回顾案例村 20 多年的绿色发展实践，发现村庄能走到今天，取得如此辉煌成就，是特定时期、特定背景、特定人群一起努力"干出来"的，特别是地方社会精英发挥了重要作用。当前，在村庄绿色发展模式相对成熟的情况下，假设所有影响因素保持不变，那么，即使后续没有太多国家政策的"偏爱"和大量资源的"注入"，村庄基本不会因此而陷入生存、生活或发展的困境，相反，大概率上会保持目前的状态，继续发展下去。

反倒是在乡村振兴的背景下，随着惠农政策项目的陆续落地和大量资源输入，地方社会精英的主导作用越来越大。一旦地方社会精英不能摆正自己的位置或者故意为之，那么，"精英俘获"环境保护或产业发展资源进而造成"内卷化"的潜在风险比较大，绿色发展的进程、成效也会随之大打折扣。从可持续性的角度来看，我们有必要对科尔沁河甸村绿色发展状况欣喜的同时保持一点警惕。再则，随着一起"打天下"的老一辈村干部的退休，必然有一批新干部接任，他们能否像之前一样，团结一致带领村庄和村民继续前行呢？从村庄目前情况来看，20 多年的大面积树林陆续成材，面临新一轮更新工作，村干部能否有效组织动员村民完成这项工作呢？现在还是一个未知数。从表面上看，舍饲养殖产业发展得比较成熟，但存在贫困户过于依赖养殖大户帮扶的问题。试想，一旦养殖大户不愿意、不想或者要求加大帮扶筹码，贫困户很可能面临严峻的产业发展危机。客观地说，我们只能把案例村目前的绿色发展状态称为"暂时性辉煌"，后续发展中会面临哪些问题、存在何种隐患，都无法预知。

一定程度的思考和担心是必要的，但无论如何，我们都不能过分悲观，庸人自扰，而要防患于未然。这就涉及了更多的可探讨问题。比如，政府如何根据生态脆弱区的现实情况，给予一定的政策倾斜、资源输入，同时加强监督管理，等等；如何保持并调动地方精英组织动员村民积极性的优良传统，同时避免"精英俘获"资源的潜在风险问题；如何培育并激发当地人的生态利益自觉意识，充分发挥主体性作用；等等。如此看来，生态脆弱区的乡村绿色发展之路虽然取得了一定成效，但想走得更好、更远，达到更高的层次，前路依旧漫漫，需要从理论和现实两个层面开展更多的后续相关研究。

参考文献

阿瑟·莫尔、戴维·索南菲尔德：《世界范围的生态现代化——观点和关键争论》，张鲲译，商务印书馆 2011 年版。

埃莉诺·奥斯特罗姆：《公共事物的治理之道——集体行动制度的演进》，余逊达等译，上海三联书店 2000 年版。

艾尔·巴比：《社会研究方法》，邱泽奇译，华夏出版社 2009 年版。

巴义尔：《科尔沁》，中央民族大学出版社 2017 年版。

包红花、宝音、乌兰图雅：《科尔沁沙地近 300 年旱涝时空分布特征研究》，《干旱区资源与环境》2008 年第 4 期。

包智明：《环境问题研究的社会学理论——日本学者的研究》，《学海》2010 年第 2 期。

包智明、陈占江：《中国经验的环境之维：向度及其限度——对中国环境社会学研究的回顾与反思》，《社会学研究》2011 年第 6 期。

曹德骏、左世翔：《新经济社会学市场网络观综述》，《经济学家》2012 年第 1 期。

曹海林：《关系网生长探源》，《湖北社会科学》2002 年第 10 期。

曹锦清：《黄河边上的中国》，上海文艺出版社 2000 年版。

曹莉萍、周冯琦：《生态型社会契约论——国外生态治理研究的最新进展》，《国外社会科学》2019 年第 1 期。

曹明明：《西部贫困地区可持续发展的模式初探》，《人文地理》2002

年第 4 期。

常学礼、鲁春霞、高玉葆：《人类经济活动对科尔沁沙地风沙环境的
　　影响》，《资源科学》2003 年第 5 期。

陈阿江：《次生焦虑——太湖流域水污染的社会解读》，中国社会科学
　　出版社 2009 年版。

陈阿江：《环境社会学是什么——中外学者访谈录》，中国社会科学出
　　版社 2017 年版。

陈阿江：《再论人水和谐——太湖淮河流域生态转型的契机与类型研
　　究》，《江苏社会科学》2009 年第 4 期。

陈阿江：《制度创新与区域发展——吴江经济社会系统的调查与分
　　析》，中国言实出版社 2000 年版。

陈阿江、林蓉：《农业循环的断裂及重建策略》，《学习与探索》2018
　　年第 7 期。

陈俊杰、陈震：《差序格局再思考》，《社会科学战线》1998 年第
　　1 期。

陈利顶、马岩：《农户经营行为及其对生态环境的影响》，《生态环
　　境》2007 年第 2 期。

陈秋红、黄鑫：《农村环境管理中的政府角色——基于政策文本的分
　　析》，《河海大学学报》（哲学社会科学版）2018 年第 1 期。

陈润羊：《西部地区新农村建设中环境经济协同模式研究》，经济科学
　　出版社 2018 年版。

陈涛：《产业转型的社会逻辑——大公圩河蟹产业发展的社会学阐
　　释》，社会科学文献出版社 2014 年版。

陈涛：《从“生态自发”到“生态利益自觉”：农村精英的生态实践
　　及其社会效应》，《社会科学辑刊》2012 年第 2 期。

陈玮玮、万里强、何峰：《不同放牧压和放牧时期对山羊牧食行为的
　　影响》，《草地学报》2011 年第 5 期。

陈曦、欧晓明、韩江波：《农业产业融合形态与生态治理——日韩案例及其启示》，《现代经济探讨》2018 年第 6 期。

陈向明：《质性研究：反思与评论》，重庆大学出版社 2010 年版。

［日］舩桥晴俊：《环境控制系统对经济系统的干预与环保集群》，程鹏立译，《学海》2010 年第 2 期。

［英］戴维·皮尔斯、杰瑞米·沃福德：《世界无末日——经济学·环境与可持续发展》，张世秋等译，中国财政经济出版社 1996 年版。

邓玲、王芳：《乡村振兴背景下农村生态的现代化转型》，《甘肃社会科学》2019 年第 3 期。

邓遂：《论乡村青年乡土情感的淡薄化现象——以安徽 Q 自然村落为例》，《中国青年研究》2009 年第 8 期。

丁湘城：《社会资本与农村社区发展：西部农村个案研究——以重庆市花沟村为例》，《湖南农业大学学报》（社会科学版），2009 年第 2 期。

［美］杜赞奇：《文化权力与国家：1900—1942 年的华北农村》，王福明译，江苏人民出版社 2010 年版。

范和生、唐惠敏：《农村环境治理结构的变迁与城乡生态共同体的构建》，《内蒙古社会科学》（汉文版）2016 年第 4 期。

［德］斐迪南·滕尼斯：《共同体与社会：纯粹社会学的基本概念》，商务印书馆 1999 年版。

费孝通：《费孝通论西部开发与区域经济》，群言出版社 2000 年版。

费孝通：《费孝通文集》（第九卷），群言出版社 1999 年版。

费孝通：《费孝通文集》（第十卷），群言出版社 1999 年版。

费孝通：《江村经济——中国农民的生活》，商务印书馆 2002 年版。

费孝通：《乡土中国》，上海人民出版社 2007 年版。

费孝通：《小城镇四记》，新华出版社 1985 年版。

风笑天：《社会学研究方法》，中国人民大学出版社 2001 年版。

冯季昌、姜杰:《论科尔沁沙地的历史变迁》,《中国历史地理论丛》1996 年第 4 期。

符钢战、韦振煜、黄荣贵:《农村能人与农村发展》,《中国农村经济》2007 年第 3 期。

付建军:《差序动员与消极服从:村庄精英权力再生产的行动逻辑——畈村村主任选举个案研究》,华中师范大学,硕士学位论文政治学专业,2014 年。

傅晶晶:《挫折与厘正:公私合作模式下的农村环境综合治理的进路》,《云南民族大学学报》(哲学社会科学版)2017 年第 3 期。

甘泉、骆郁廷:《社会动员的本质探析》,《学术探索》2011 年第 6 期。

高王凌:《人民公社时期中国农民"反行为"调查》,中共党史出版社 2006 年版。

高云虹:《我国西部贫困农村可持续发展研究》,《经济问题探讨》2006 年第 12 期。

郭于华:《"道义经济"还是"理性小农"——重读农民学经典论题》,《读书》2002 年第 5 期。

郭于华:《农村现代化过程中的传统亲缘关系》,《社会学研究》1994 年第 6 期。

国家林业局编:《三北防护林体系建设 30 年发展报告(1978—2008)》,中国林业出版社 2008 年版。

贺雪峰:《缺乏分层与缺失记忆型村庄的权力结构——关于村庄性质的一项内部考察》,《社会学研究》2001 年第 2 期。

贺雪峰:《熟人社会的行动逻辑》,《华中师范大学学报》(人文社会科学版)2004 年第 1 期。

贺雪峰:《乡村治理研究、差序格局与乡村治理的区域差异》,《江海学刊》2007 年第 4 期。

贺雪峰：《新乡土中国》，北京大学出版社 2013 年版。

贺雪峰、仝志辉：《论村庄社会关联——兼论村庄秩序的社会基础》，《中国社会科学》2002 年第 3 期。

［日］鹤见和子：《"内生型发展"的理论与实践》，胡天民译，《江苏社会科学》1989 年第 3 期。

黑龙江造林处：《造林技术手册》，黑龙江科学技术出版社 1982 年版。

洪大用：《当代中国社会转型与环境问题——一个初步的分析框架》，《东南学术》2000 年第 5 期。

洪大用：《社会变迁与环境问题——当代中国环境问题的社会学阐释》，首都师范大学出版社 2001 年版。

洪大用：《试论改进中国环境治理的新方向》，《湖南社会科学》2008 年第 3 期。

洪大用、马国栋：《生态现代化与文明转型》，中国人民大学出版社 2014 年版。

胡必亮：《关系共同体》，人民出版社 2005 年版。

胡中应、胡浩：《社会资本与农村环境治理模式创新》，《江淮论坛》2016 年第 6 期。

黄光国：《面子：中国人的权力游戏》，中国人民大学出版社 2004 年版。

黄宗智：《华北的小农经济与社会变迁》，中华书局 1986 年版。

［德］蒋德明、刘志民、曹成有编著：《科尔沁沙地荒漠化过程与生态恢复》，中国环境科学出版社 2003 年版。

蒋培：《农村环境内发性治理的社会机制研究》，《南京农业大学学报》（社会科学版），2019 年第 4 期。

金太军：《村庄治理中三重权力互动的政治社会学分析》，《战略与管理》2002 年第 2 期。

克利福德·吉尔兹：《地方性知识——阐释人类学论文集》，王海龙、张家瑄译，中央编译出版社 2000 年版。

雷蒙·威廉斯：《关键词：文化与社会的词汇》，刘建基译，生活·读书·新知三联书店 2005 年版。

雷切尔·卡逊：《寂静的春天》，吕瑞兰、李长生译，上海译文出版社 2007 年版。

李斌：《政治动员及其历史嬗变：权力技术的视角》，《南京社会科学》2009 年第 11 期。

李刚、陈志：《中国内陆集镇的内生性发展——黑龙江省肇东市昌五镇的案例研究》，中国社会科学出版社 2010 年版。

李志强：《村镇复合生态系统与社区治理：理论关联及路径探索——以浙江沿海地区村镇社区生态培育为例》，《探索》2018 年第 6 期。

理查德·博克斯：《公民治理：引领 21 世纪的美国社区》，孙柏瑛译，中国人民大学出版社 2005 年版。

林卡、易龙飞：《参与与赋权：环境治理的地方创新》，《探索与争鸣》2014 年第 11 期。

刘娅：《目标、手段、自主需要：人民公社制度兴衰的思考》，《当代中国史研究》2003 年第 1 期。

刘燕、董耀：《后退耕时代农户退耕还林意愿影响因素》，《经济地理》2014 年第 2 期。

罗伯特·D. 普特南：《使民主运转起来》，王列、赖海榕译，江西人民出版社 2001 年版。

罗家德、孙瑜、谢朝霞：《自组织运作过程中的能人现象》，《中国社会科学》2013 年第 10 期。

麻国庆：《草原生态与蒙古族的民间环境知识》，《内蒙古社会科学》（汉文版）2001 年第 1 期。

麻国庆：《环境研究的社会文化观》，《社会学研究》1993 年第 5 期。

马道明：《太湖污染中居民的环境感知与行动分析》，《河海大学学报》（哲学社会科学版）2015 年第 6 期。

马克·格兰诺维特：《镶嵌：社会网与经济行动》，罗家德译，社会科
　　学文献出版社 2015 年版。

马克思：《马克思恩格斯文集》（第二卷），人民出版社 2009 年版。

马克思、恩格斯：《马克思恩格斯全集》（第 46 卷上），人民出版社
　　1979 年版。

［德］马克斯·韦伯：《儒教与道教》，王容芬译，商务印书馆 1999
　　年版。

马克斯·韦伯：《社会学的基本概念》，胡景北译，上海人民出版社
　　2000 年版。

马戎：《必须重视环境社会学——谈社会学在环境科学中的应用》，
　　《北京大学学报》（哲学社会科学版）1998 年第 4 期。

［美］曼瑟尔·奥尔森：《集体行动的逻辑》，陈郁译，上海人民出版
　　社 1995 年版。

米尔斯：《社会学的想象力》（第二版），陈强、张永强译，生活·读
　　书·新知三联书店 2005 年版。

内蒙古党史研究所编：《内蒙古近代史论丛》（第三辑），内蒙古人民
　　出版社 1987 年版。

内蒙古党史研究所编：《内蒙古近代史论丛》（第四辑），内蒙古大学
　　出版社 1991 年版。

内蒙古简史编写组：《蒙古族简史》，内蒙古人民出版社 1986 年版。

［日］鸟越皓之：《环境社会学——站在生活者的角度思考》，宋金文
　　译，中国环境科学出版社 2009 年版。

［日］鸟越皓之：《日本的环境社会学与生活环境主义》，闫美芳译，
　　《学海》2011 年第 3 期。

潘家华：《中国的环境治理与生态建设》，中国社会科学出版社 2015
　　年版。

潘乃谷、周星主编:《多民族地区:资源、贫困与发展》,天津人民出版社 1995 年版。

〔法〕皮埃尔·布尔迪厄:《文化资本与社会炼金术——布尔迪厄访谈录》,包亚明译,上海人民出版社 1997 年版。

〔德〕齐格蒙特·鲍曼:《共同体》,江苏人民出版社 2007 年版。

A. 恰亚诺夫:《农民经济组织》,萧正洪译,中央编译出版社 1996 年版。

祁毓、卢洪友、吕翅怡:《社会资本、制度环境与环境治理绩效——来自中国地级及以上城市的经验证据》,《中国人口·资源与环境》2015 年第 2 期。

秦海波、汝醒君、李颖明:《基于社会—生态系统框架的中国草原可持续治理机制研究》,《甘肃行政学院学报》2018 年第 3 期。

秦红增:《乡村社会两类知识体系的冲突》,《开放时代》2005 年第 3 期。

邱桂杰、齐贺:《政府官员效用视角下的地方政府环境保护动力分析》,《吉林大学社会科学学报》2011 年第 4 期。

邱喜元、左小安、赵学勇:《科尔沁沙地沙漠化风险评价》,《中国沙漠》2018 年第 1 期。

曲格平:《中国环境保护事业发展历程提要》,《环境保护》1988 年第 3 期。

冉冉:《"压力型体制"下的政治激励与地方环境治理》,《经济社会体制比较》2013 年第 3 期。

任鸿昌、吕永龙、杨萍:《科尔沁沙地土地沙漠化的历史与现状》,《中国沙漠》2004 年第 5 期。

任建兰、王亚平、程钰:《从生态环境保护到生态文明建设:四十年的回顾与展望》,《山东大学学报》(哲学社会科学版),2018 年第 6 期。

沈炳珍：《微观经济学》，浙江大学出版社 2014 年版。

沈费伟、刘祖云：《精英培育、秩序重构与乡村复兴》，《人文杂志》
　2017 年第 3 期。

沈延生：《村政的兴衰与重建》，《战略与管理》1998 年第 6 期。

施坚雅：《中国农村的市场和社会结构》，史建云、徐秀丽译，中国社
　会科学出版社 1998 年版。

史恒通、睢党臣、吴海霞、赵敏娟：《社会资本对农户参与流域生态
　治理行为的影响：以黑河流域为例》，《中国农村经济》2018 年第
　1 期。

宋乃工主编：《中国人口·内蒙古分册》，中国财政经济出版社 1987
　年版。

宋言奇：《社会资本与农村生态环境保护》，《人文杂志》2010 年第
　1 期。

宋言奇：《我国农村环保社区自组织的模式选择》，《南通大学学报》
　（社会科学版）2012 年第 4 期。

宋言奇、申珍珍：《我国农村传统社区环境治理机制分析》，《学术探
　索》2017 年第 12 期。

孙立平：《"关系"、社会关系与社会结构》，《社会学研究》1996 年
　第 5 期。

孙立平、郭于华：《"软硬兼施"：正式权力非正式运作的过程分
　析——华北 B 镇收粮的个案研究》，《清华社会学评论》（特辑），
　鹭江出版社 2000 年版。

孙时轩：《造林学》，中国林业出版社 1992 年版。

孙武：《人地关系与脆弱带的研究》，《中国沙漠》1995 年第 4 期。

谭崇台主编：《发展经济学概论》，武汉大学出版社 2001 年版。

谭九生：《从管制走向互动治理：我国生态环境治理模式的反思与重
　构》，《湘潭大学学报》（哲学社会科学版）2012 年第 5 期。

唐国建、王辰光：《回归生活：农村环境整治中村民主体性参与的实现路径——以陕西 Z 镇 5 个村庄为例》，《南京工业大学学报》（社会科学版）2019 年第 2 期。

唐建兵：《乡村精英与乡村环境治理》，《河南社会科学》2015 年第 6 期。

陶传进：《环境治理：以社区为基础》，社会科学文献出版社 2005 年版。

田志和：《清代科尔沁蒙地开发述略》，《社会科学战线》1982 年第 2 期。

仝志辉：《农民选举参与中的精英动员》，《社会学研究》2002 年第 1 期。

图力古日：《地方性知识研究的历史维度及其内涵》，《云南社会科学》2017 年第 6 期。

万俊毅、欧晓明：《社会嵌入、差序治理与合约稳定——基于东进模式的案例研究》，《中国农村经济》2011 年第 7 期。

王波：《创新投资运营机制培育农村环境治理市场主体》，《环境与可持续发展》2015 年第 6 期。

王春光、单丽卿：《农村产业发展中的"小农境地"与国家困局——基于西部某贫困村产业扶贫实践的社会学分析》，《中国农业大学学报》（社会科学版）2018 年第 3 期。

王大庆：《西方自然哲学原著选辑》，北京大学出版社 1988 年版。

王德福：《论熟人社会的交往逻辑》，《云南师范大学学报》（哲学社会科学版）2013 年第 3 期。

王芳：《结构转向：环境治理中的制度困境与体制创新》，《广西民族大学学报》（哲学社会科学版）2009 年第 4 期。

王芳、黄军：《小城镇生态环境治理的困境及其现代化转型》，《南京工业大学学报》（社会科学版）2018 年第 3 期。

王芳、李宁：《新型农村社区环境治理：现实困境与消解策略——基于社会资本理论的分析》，《湖湘论坛》2018 年第 4 期。

王凤才：《生态文明：生态治理与绿色发展》，《华中科技大学学报》（社会科学版）2018 年第 4 期。

王恒：《西部民族地区生态治理路径探析》，《宏观经济管理》2019 年第 7 期。

王婧：《草原生态治理的地方实践及其反思——内蒙古 C 旗的案例研究》，《西北民族研究》2013 年第 2 期。

王婧：《牧区的抉择——内蒙古一个旗的案例研究》，中国社会科学出版社 2016 年版。

王可园：《从底层创新到上层建制：当代中国农村体制变革的路径探析》，《中国农业大学学报》（社会科学版）2018 年第 1 期。

王龙耿、沈斌华：《蒙古族历史人口初探（17 世纪中叶—20 世纪中叶）》，《内蒙古大学学报》（人文社会科学版）1997 年第 2 期。

王宁：《代表性还是典型性？个案的属性与个案研究方法的逻辑基础》，《社会学研究》2002 年第 5 期。

王士仁：《哲盟实剂》（复印本），哲里木盟文化处 1987 年版。

王树义、蔡文灿：《论我国环境治理的权力结构》，《法制与社会发展》2016 年第 3 期。

王晓毅：《互动中的社区管理——克什克腾旗皮房村民组民主协商草原管理的实验》，《开放时代》2009 年第 4 期。

王晓毅：《环境压力下的草原社区——内蒙古六个嘎查村的调查》，社会科学文献出版社 2009 年版。

王旭辉、高君陶：《嵌入性自主：环境保护组织的社区合作逻辑及其限度——S 机构内蒙古坝镇项目点的考察》，《中央民族大学学报》（哲学社会科学版）2019 年第 4 期。

王雪梅：《共生理论视阈下的生态治理方式研究》，《理论月刊》2018

年第 3 期。

王玉海，王楚：《从游牧走向定居：清代内蒙古东部农村社会研究》，黑龙江教育出版社 2014 年版。

维尔弗雷多·帕雷托：《精英的兴衰》，上海人民出版社 2003 年版。

文军：《从生存理性到社会理性选择：当代中国农民外出就业动因的社会学分析》，《社会学研究》2002 年第 6 期。

乌兰图雅：《300 年来科尔沁的土地垦殖与沙质荒漠化》，内蒙古人民出版社 2001 年版。

乌兰图雅：《科尔沁沙地近 50 年的垦殖与土地利用变化》，《地理科学进展》2000 年第 3 期。

乌兰图雅、包玉海、香宝：《科尔沁地区的垦殖与荒漠化》，《中国草地》1998 年第 6 期。

乌兰图雅、乌敦、那音太：《20 世纪科尔沁的人口变化及其特征分析》，《地理学报》2007 年第 4 期。

乌云毕力格、成崇德、张永江：《蒙古民族通史》（第四卷），内蒙古大学出版社 1993 年版。

吴森、徐小丰：《PPP 模式中的政府规制：西方发达国家的经验研究》，《华中科技大学学报》（社会科学版）2018 年第 2 期。

吴毅：《"双重角色"、"经纪模式"与"守夜人"和"撞钟者"——来自田野的学术札记》，《开放时代》2001 年第 12 期。

吴毅：《村治变迁中的权威与秩序——20 世纪川东双村的表达》，中国社会科学出版社 2002 年版。

吴毅：《双重边缘化：村干部角色与行为的类型学分析》，《管理世界》2002 年第 11 期。

吴正主编：《中国沙漠及其治理》，科学出版社 2008 年版。

西奥多·W. 舒尔茨：《改造传统农业》，梁小民译，商务印书馆 2006 年版。

肖建华、赵运林、傅晓华：《走向多中心合作的生态环境治理研究》，湖南人民出版社 2010 年版。

辛逸：《试论人民公社的历史地位》，《当代中国史研究》2001 年第 3 期。

徐勇：《徐勇自选集》，华中理工大学出版社 1999 年版。

许宝强、汪晖：《发展的幻象》，中央编译出版社 2003 年版。

荀丽丽、包智明：《政府动员型环境政策及其地方实践——关于内蒙古 S 旗生态移民的社会学分析》，《中国社会科学》2007 年第 5 期。

亚里士多德：《政治学》，吴寿彭译，商务印书馆 1965 年版。

闫春华：《扶贫产业落地中"精英帮扶"的实践及内在机理——辽宁省 Z 县 A 村养殖业为例》，《西北农林科技大学学报》（社会科学版）2019 年第 4 期。

闫春华：《环境治理中"地方主体"互动逻辑及其实践理路》，《河海大学学报》（哲学社会科学版）2018 年第 3 期。

杨庭硕：《论地方性知识的生态价值》，《吉首大学学报》（社会科学版）2004 年第 3 期。

义旭东、徐邓耀：《生态—经济重建：西部贫困山区可持续发展之路》，《青海社会科学》2002 年第 6 期。

尹绍亭：《远去的山火——人类学视野中的刀耕火种》，云南人民出版社 2008 年版。

于冰：《论生态自觉》，《山东社会科学》2012 年第 10 期。

俞可平：《治理与善治》，社会科学文献出版社 2000 年版。

袁国波：《21 世纪以来内蒙古沙尘暴特征及成因》，《中国沙漠》2017 年第 6 期。

约翰·贝拉米·福斯特：《生态危机与资本主义》，耿建新译，上海译文出版社 2006 年版。

翟学伟：《中国社会中日常权威——关系与权力的历史社会学研究》，

社会科学文献出版社 2004 年版。

詹姆斯·C. 斯科特：《国家的视角：那些试图改善人类状况的项目是如何失败的》，王晓毅译，社会科学文献出版社 2004 年版。

詹姆斯·C. 斯科特：《农民的道义经济学：东南亚的反叛与生存》，程立显、刘建等译，译林出版社 2001 年版。

詹姆斯·S. 科尔曼：《社会理论的基础》，邓方译，社会科学文献出版社 1999 年版。

张国磊、张新文：《基层政府购买农村环境治理服务的对策》，《现代经济探讨》2017 年第 4 期。

张江华：《卡里斯马、公共性与中国社会：有关"差序格局"的再思考》，《社会》2010 年第 5 期。

张劲松：《去中心化：政府生态治理能力现代化》，《甘肃社会科学》2016 年第 1 期。

张劲松：《生态治理：政府主导与市场补充》，《福州大学学报》（哲学社会科学版）2013 年第 5 期。

张劲松：《生态治理中的市场失灵及其纠补》，《河南社会科学》2014 年第 12 期。

张乐天：《告别理想——人民公社制度研究》，上海人民出版社 2012 年版。

张茂元、邱泽奇：《技术应用为什么失败——以近代长三角和珠三角地区机器缫丝业为例（1860—1936）》，《中国社会科学》2009 年第 1 期。

张美杰、春喜、梁阿如娜：《近 60 年科尔沁沙地的气候变化》，《干旱区资源与环境》2012 年第 6 期。

张玉林：《农村环境：系统性伤害与碎片化治理》，《武汉大学学报》（人文科学版）2016 年第 2 期。

彰武县志编纂委员会：《彰武县县志》，彰武县县志编纂委员会办公室

1987 年版。

赵成章、王小鹏、武克军：《黑河中游湿地社区管理评价的居民感知研究——以甘肃省酒泉市六分湿地为例》，《人文地理》2011 年第 3 期。

赵哈林、张铜会、崔建坦：《近 40 年我国北方农牧交错区气候变化及其与土地沙漠化的关系——以科尔沁沙地为例》，《中国沙漠》2000 年第 1 期。

赵泉民、李怡：《关系网络与中国乡村社会的合作经济——基于社会资本视角》，《农业经济问题》2007 年第 8 期。

赵曦：《中国西部贫困地区可持续发展研究》，《中国人口·资源与环境》2001 年第 1 期。

赵跃龙、刘燕华：《中国脆弱生态环境分布及其与贫困的关系》，《人文地理》1996 年第 2 期。

周小付、萨日娜、蒋海棠：《PPP 能推动公共治理转型吗？——基于社会网络理论的检验》，《浙江学刊》2018 年第 5 期。

周学志：《中国农村环境保护》，中国环境科学出版社 1996 年版。

周雪光：《权威体制与有效治理：当代中国国家治理的制度逻辑》，《开放时代》2011 年第 10 期。

周雪光：《组织社会学十讲》，社会科学文献出版社 2003 年版。

朱国宏：《人地关系论——中国人口与土地关系问题的系统研究》，复旦大学出版社 1996 年版。

左停、苟天来：《社区为基础的自然资源管理（CBNRM）的国际进展研究综述》，《中国农业大学学报》2005 年第 6 期。

Barley, S. R. & Kunda, G. Design and Devotion: Surges of Rational and Normative Ideologies of Control in Managerial Discourse. Administrative Science Quarterly, 1992（9）.

Bell, M. An Invitation to Environmental Sociology. California: Pine Forge Press, 2004.

Edelenbos, J. & Schie, N. Organizing Interfaces between Government Institutions and Interactive Governance. Policy Sciences, 2010 (3).

Erin, S. & Heather, M. Policy Reviews and Essays: Traditional Environmental Knowledge In practice. Society and Natural Resources, 2002 (5).

Flor, A. Environmental Communication. Diliman, Quezon City: University of the Philippines-open University, 2004.

Foster, J. B. Marx's Theory of Metabolic Rift: Classical Foundations for Environmental Sociology. American Journal of Sociology, 1999 (2).

Foster, J. B. Clark, B. & York, R. The Ecology Rift: Capitalism's War on the Earth. New York: Monthly Review Press, 2010.

Gould, K. A. Pellow, D. N. & Schnaiberg, A. The Treadmill of Production: Injustice and Unsustainability in the Global Economy. New York: Routledge press, 2008.

Hardin, G. The Tragedy of the Commons. Science, 1968.

Hardin, G. The Tragedy of the Unmanaged Commons. Trends in Ecology and Evolution, 1994 (9).

Hardin, R. Collective Action. Baltimore: Johns Hopkins University Press, 1982.

Huber, J. New Technologies and Environmental Innovation. Journal of Product Innovation Management, 2004 (5).

Kaufman, B. The Organization of Economic Activity: Insights from the Institutional theory of John R. Commons. Journal of Economic Behavior & Organization, 2003 (8).

Lewis, W. & Moncrief. The Cultural Basis for Our Environmental Crisis. Science,

1967.

Mitchell，J. C. The Concept and Use of Social Networks// Mitchell J. C. Social
Networks in Urban Situations. Manchester，UK：Manchester Univ.
Press，1969.

Schnaiberg，A. The Environment：from Surplus to Scarcity. New York：
Oxford University Press，1980.

Stave，J. & Oba，G. et al. Traditional Ecological Knowledge of a Riverine
Forest in Turkana，Kenya：Implications for Research and Manage-
ment. Biodiversity and Conservation，2007（5）.

Torigoe，H. Toward an Environmental Paradigm with Priority of Social
Life. Environmental Awareness in Developing Countries：The Cases of
China and Thailand. Tokyo：Institute of Developing Economies，1997.

Wei，H. Household Land Tenure Reform in China：its Impact on Farming
Land Use and Agro-environment. Land Use Policy，1997.

Whiteman，G. & William，H. C. Ecological Embeddedness. Academy of
Management Journal，2000（6）.

Winn，J. K. Relational Practices and the Marginalization of Law：Informal
Financial Practices of Small Business in Taiwan. Law and Society Review，
1994（2）.

White，L. The Historical Roots of Our Ecologic Crisis，Science，1967.

访谈提纲

访谈提纲一：（访谈对象：村内老年人、老生产队长、镇县市退休老干部等，主要涉及村庄及区域内历史上的原初生态状况、生计模式、地区后续开发情况、生态恶化的过程、原因及影响等内容）

1. 村庄什么时候建立的、由哪些人建立的、最先建村的人是本地人还是外地人、这些人因何契机建村、这些人的身份特点有哪些？

2. 建村前村庄所在地区的生态状况。比如，森林、草原等植被生长情况，水资源丰富程度，动物种类有哪些、数量多与寡等。

3. 历史上村庄所在地区民众从事什么样的生计模式、生计模式的特点是什么、生计模式与生态环境之间是否匹配？

4. 传统游牧生计的主要特点、生计与生态之间是如何实现协调发展的？

5. 村庄及所在地区陆续进行农业开发的过程是怎么样的、农业开发的主要原因是什么、农业开发的力度如何？

6. 过度开垦、过度放牧、过度樵采等开发行为的具体样态是什么样的？

7. 长时段、累积性的过度型农业开发行为对地区生态环境造成了哪些影响？比如，区域内的温度、湿度等小气候发生了怎样的变化，地下水资源、林草等植被以及动物资源都发生了哪些明显变化等。

8. 长时段、累积性的过度型农业开发行为引发了哪些生态问题，比如，旱灾涝灾、土地沙漠化问题、沙尘暴、生物多样性锐减等。

9. 区域性的生态恶化引发了怎样的经济社会层面的负面影响？比如，经济层面上，生态恶化对地区农牧业发展造成了哪些不利影响？具体表现如何？社会层面上，生态恶化怎样影响了民众的正常生产生活？具体表现如何？

10. 20 世纪 90 年代以前，民众对地区生态恶化状况、生态恶化引发的影响以及是否进行生态治理等问题的态度如何，环保观念、认知和行为怎样等。

访谈提纲二：（访谈对象：组织动员并持续带领村民植树造林的村干部、最先参与植树造林的 12 户家庭、村内普通村民，附近村庄村民等，主要涉及村庄为何决定、如何组织以及怎样开展植树造林工作等内容）

1. 村庄选择植树造林、改善生存环境的主要契机是什么？

2. 村干部对于植树造林改善生存环境进行了哪些商讨和争论？比如，怎样评判植树造林的成功概率问题，如何总结并反思早期植树造林工作等。

3. 村干部之间达成合作带领村民植树造林共识的基础和原因分别是什么？

4. 村干部是如何动员并说服少数家庭（亲朋好友）同意植树造林的？

5. 村民选择植树造林的原因分别有哪些？

6. 村民植树造林具体过程怎样、遭遇了哪些困难，以及如何应对困难的？

7. 村民如何将长期的本地生产生活经验运用到植树造林实践中的？

8. 村民探索并实践出的乡土造林技术是怎样的、有哪些特点和优势？

9. 少数家庭开展植树造林工作取得的成效，家庭间关系发生了怎样变化？比如，互助、合作和亲密程度等，为后续植树造林工作带来了哪些影响。

10. 少数家庭选择植树造林时，村内大部分家庭为何没有加入植树造林、改善村庄生态环境的行列，他们是怎样想的？

11. 少数家庭植树造林时期，民众的生态观念、认知和行为是怎样的？

12. 镇域内其他村庄的村民如何看待河甸村当时开展的植树造林工作？

访谈提纲三：（访谈对象：持续带领村民植树造林并发展经济的村干部、村内大部分村民、附近村庄村民、镇县农林等部分工作人员，主要涉及村庄如何实现大面积植树造林，同时进行生计模式转型后探索发展生态农业等内容）

1. 村干部如何积极利用退耕还林、发展经济林等外部政策契机持续动员村民开展植树造林、改善村庄生态环境工作的？

2. 村庄全面退耕还林、引进经济林并开展村屯植树造林工作分别是怎样组织、规划和进行的？村干部与村民分别做出了哪些努力工作？

3. 村庄持续造林后生态环境发生了哪些变化？比如，与植树造林前相比，土壤侵蚀模数、风速、温度、湿度、沙尘暴天数、无霜期、动植物资源等。

4. 生态环境的改善带来了哪些正面的经济社会层面影响？具体表现如何？

5. 依托生态环境的改善，村干部是如何主动利用精准扶贫、乡村振兴、发展生态农业等外部有利政策，并结合村庄实际情况与村民进行生计模式转型的？他们分别做出了哪些方面的努力工作？

6. 目前，村庄主要生计模式是什么样的？生计模式与生态之间关系如何？

7. 目前，村庄生态、经济和社会呈现出怎样的样态，三者之间关系如何？

8. 目前，民众如何看待生态、生存、生活与发展之间的关系等。

9. 在大部分村民加入植树造林并进行生计模式转型时期，民众的绿色发展观念、意识、认知和行为是怎样的？

访谈提纲四：（访谈对象：村干部，主要涉及村庄目前的基本情况）

1. 村庄总人口、总户数。

2. 村庄总土地面积，林地面积、耕地面积、草地与湿地面积等。其中，也包括1996年村庄生态环境最差时的林地、耕地、草地和湿地、荒地等面积。

3. 农作物种植结构，主要种植的粮食作物、经济作物分别是什么。

4. 农户生计结构和生计模式，从事种植业的农户有多少，只从事养殖业的农户有多少，兼顾发展种植业和养殖业的户数有多少，外出务工情况如何等。

5. 村庄农牧业总收入情况，富裕家庭、一般家庭以及贫困家庭收入情况。

访谈提纲五：（访谈对象：村干部及普通村民，主要涉及家庭基本情况）

1. 家庭结构、类型、人口与劳动力情况。

2. 家庭种植结构、养殖情况，种植业与养殖业如何结合等问题。

3. 家庭耕地面积、林地面积、草地与湿地面积等拥有情况。

4. 家庭收入及消费情况，民众发展与消费观念等。

后　记

　　我的家乡在科尔沁沙地中心，我对科尔沁地区生态与发展议题的关注，直接缘于内心深处一些不太好的记忆。大概从我懂事起，印象中一年四季都在刮风，风里携带着黄沙，风沙常年困扰着当地人的生产生活。农民刚种好的幼苗被吹没了、家里每天都有一层沙尘、刚洗好的衣服被风一吹就混成泥了……这是沙区人们生产生活的真实写照，年复一年，这些困扰从来没有缺席过，沙区人们也习以为常了。2009 年我来到南方读大学，"山清水秀"的景色、"普遍富裕"的状态，着实让我"大开眼界"，不禁暗自感叹：家乡的生存环境太差了、人们的生活水平太低了。同时在想，有朝一日，我的家乡是否也会变得既美丽又富裕呢？

　　我真正思考科尔沁地区的生态与发展议题始于 2013 年，一个偶然的机会，我接触到了环境社会学，通过阅读文献，大致了解了如何用社会学的理论知识来解释环境问题，慢慢有了兴趣。当时正好有推免读硕士的资格，我毫不犹豫地联系了陈阿江老师，选择了环境社会学领域。硕士入学前的暑假，陈老师要求我们暑假里做个调查，写个报告，开学后提交。我当时就以自己生活的小村庄为调查点，找村干部了解了村庄基本情况，向村里老人、家里老人详细询问了村庄环境变化情况，最后写了一篇调查报告，题名为"从大量开垦到退耕还林的环境社会学分析——科尔沁 H 村案例研究"，围绕"生态问题的成因及治理"展开。现在来看，可能是我太厌恶风沙带给我们的困扰了，所以很迫切地想把我看到的一些问题和治理的重要性表达出来，里面掺杂了一些个人情感。但由于认识有限，我陷入了一个思维困境，我似乎在简单的"就治理而谈治理"问题。事实上，科尔沁地区的生态与发展之间紧密相连，任何一方的变化，都会造成另一方的巨大变动，但在当时，我还不能透彻地理解两者间这种"唇寒齿亡"的关系。

好在这个大的选题方向，基本得到了导师的认可。在后续的学习中，导师给我提供了一些参考书目，让我深入了解内蒙古的历史，也给我讲解了一些他在内蒙古做调查的一些感受、想法。2015 年我转升为博士研究生，真正面临博士论文的选题任务了。秋季开学前，导师通过电视了解到，辽蒙交界处有一个村庄，植树治沙之后，当地的环境、经济都得到了改善。导师将链接发给我，让我关注类似事件，建议我暑假去村里转转，了解一下情况。这个村庄离我老家不远，坐火车两个多小时。去之前，我在网上大致了解了一些基本情况，记住了一些村民的名字，设计了访谈提纲，然后在母亲的陪同下，就下村做调查了。

初入村庄，十分震撼。环视村庄四周，大面积树林郁郁葱葱，雾气缭绕，近看村庄内部，家家户户都在热火朝天搞养殖，村民看起来比较富裕的样子。我从没想过，科尔沁地区竟然真有我曾经想象过的家乡应该有的样貌。来到村委会，找到了在电视上记住外貌和名字的一些村干部，第一次见面，我直接叫出了"某某书记""某某主任"，他们十分震惊，稍作了解后，表达了极大的热情和欢迎。而一句"我是左中人（调查地邻近旗）"，更是拉近了我们之间的距离，进入现场十分顺利。随后的半个多月调查，我基本了解了案例村的基础信息、不同时期生态环境恶化的过程和原因，村干部带领村民植树治沙的契机和经过，村民舍饲养殖等情况。凭着"家乡研究"的优势，和母亲的"现场教学",我很快就把相关事情搞清楚了。在导师的提醒下,我又细化、深化了一些内容,比如通过对村内多位老人的访谈,详细了解了"地下水位""动植物种类"等历时性变化情况,将其整理归类,作为衡量地区生态环境变化的重要指标。

短时间内大量信息的获取,对研究者来说是幸运的,也是兴奋的。但调查结束回校整理资料时,我陷入了两个困境:一是我对科尔沁地区的历史背景了解得不够深,对科尔沁地区生态恶化过程和深层社会根源的认识比较模糊。大体上,我比较熟悉科尔沁的历史、地理、社会、文化,但细致深入的了解还远远不够,于是,"比较熟悉"和"远远不够"两种声音开始"打架",内心开始纠结。二是我无法将杂乱、细碎、分块搜集整理的信息有逻辑地编排在一个主题之下。比如植树治沙的来龙去脉我是清楚的,生计转型的过程我也很熟悉,但两者之间如何统合,如何用一个"核心词"来概括呢?当时的我,根本想不清楚。冷静思考一段时间后,我想我需要"清空"自己,甘当"小白",以"外来者"身份设计出针对不同主体的详细访谈提纲,下次重返调查地时,全面搜集我所熟悉的、不熟悉的所有信息。"家乡研究"确实能让研究者走得顺利,但也存在风险,很容易忽视掉一些"习以为常"的,却对研究主题、研究内容很重要的信息。

终于盼来了2016年寒假,我如愿地去了内蒙古自治区档案馆、呼和浩特市档案馆、通辽市档案馆、辽宁省档案馆、彰武县档案馆收集了文献资料,阅读了内蒙古、科尔沁等大量相关的历史、地理、文化等书籍,翻阅了科尔沁沙地辖区内几个旗(县)的志书,访谈了家乡多位70岁以上的老年人。通过几方面的努力,逐渐理顺了科尔沁地区的游牧历史、人口、民族变化情况,整理出外来农耕人口移民线、勾勒出科尔沁辖区旗县开垦顺序……有关科尔沁地区的生态与社会变迁内容逐渐明朗了,我深刻地认识到科尔沁地区生态问题的直接诱因是外来农耕人口的移入,根本原因则是农牧矛盾。科尔沁的生态与发展议题十分复杂，绝对不是单纯治理生态环境就能解决的。需要从生态与发展两方面入手，从根本上解决农牧矛盾。有了这些认识，整个人的思路也慢慢打开了。

2017 年暑假，我又跟母亲来到了调查点。开始，我花了十天时间，"游览"了科尔沁沙地辖区内靠近彰武县的另外 8 个旗（县），从面上观察了整个区域生态与发展情况。总体来看，在国家的政策影响下，地区积极治理生态环境、发展产业的步调基本是一致的。但在植被恢复情况、生态环境改善状况、产业发展情况上，有一定差异。在调查点，我也听到了一些村民抱怨的声音，比如"栽那么多树又不能当饭吃""毁树种田还能收把粮食"等。村民口中的"饭"是生存问题、是生活问题，更是发展问题。试想，老百姓连饭都没得吃，他们肯定会想办法"毁林"，如果不解决老百姓的吃饭问题，那么恢复植被修复生态环境的可能性又在哪里？这也是大型生态工程落地后，局部地区"治理失灵"的根源所在。慢慢地，我对科尔沁地区生态与发展关系的认识，越来越明朗了。认识到"就治理而谈治理"的思路实在太危险了，科尔沁地区的生态与发展任何一方都不能忽视，重要的是如何实现两者间的融合，从根本上破解地区的生态与发展难题，这也便有了文献中的"生态治理实践及其反思"这一块重要内容。后面，我大概又花了十天时间，在村里做了调查，参加了乡里举办的"运动会"，观察了"运动会"中为了争取荣誉，每个村庄内部人们之间特有的团结关系和情感，参与了村内护林队的围网活动，观看了村民"收—藏"青贮饲料的全过程，目睹了农户养殖的日常。同时，我也去了镇和县的农、林、牧相关部门了解情况，就植树治沙（生态）与生计转型（发展）的关系，开展专题调查，补充了诸多细节。这次从"面"到"点"再到"面"的调查，收获颇丰。回校后基本理顺了生态与发展的关系：植树治沙的直接目的是改善生态环境，但根本目的是夯实发展基础；生态农业发展的直接目的是经济利益最大化，但也实现了发展中保护生态环境的目标，两者融合后的终极目标便是"绿色发展"。至此，我算是真正明白了"植树治沙""生计转型（产业发展）"之间的紧密关系，确定了本书的研究问题。

从开始的兴奋，到杂乱信息的困扰，再到专题调查，最后通过整理分析，才得以理顺研究问题。此时，我又不满足于只认识事件发生发展的脉络了，还想探讨绿色发展背后的"根本之道"和"社会机制"。2018 年秋冬之际，导师驱车实地考察了陕甘宁蒙等多省区，就农牧交错带的生态与发展议题有了一些思考，随后我们合写了一篇期刊论文，主要探讨了"农牧交错生态脆弱区的乡村发展问题"，提出打破"生态的恶性循环"是实现乡村发展的优先之策，结合地区优势匹配好特色化产业是实现乡村绿色发展的根本之策。这篇论文撰写过程中，我收获很多，加深了我对本书研究问题的认识。2018 年寒假，我又跟母亲"三下"调查点，收集了最新数据，补充了相关细节信息。系统了解了 20 世纪 90 年代以来，国家陆续出台的有关环境保护和产业发展等相关政策对当地的影响，在自上而下的政策落地实践中，地方地府、地方精英和村民有何不同反应，地方社会如何组织动员村民保护环境、发展产业，其间遇到了哪些困境，又是如何解决和应对的。

通过对前期所有调查材料的整理分类、归纳提炼，最终发现，研究点之所以能实现"绿色发展"，根本之道在于重建了农业循环，实现了林、农、牧之间的有机融合。从社会机制上看，政策、组织、技术、文化等因素在重建农业循环、实现绿色发展中发挥了重要作用。欣喜于调查点今日"辉煌"的同时，我也在思考着村庄的未来。担心"绿色发展"能否持续下去？案例村能取得今天的成就，是特定时期、特定背景、特定的人群一起努力"干出来"的。在发展模式相对成熟的情况下，即使没有过多外部政策的"偏爱"，村庄也不会发生太大变化。反倒是，在乡村振兴的背景下，随着资源的大量注入和项目的陆续落地，村庄精英的主导作用越来越大。试想，随着老一辈村干部的退休，必然有一批新人接任，他们能否像之前一样，团结一致带领村庄、村民往前走呢？在大量资源面前，会不会出现"精英俘获"现象？或许我在"庸人自扰"，但这些潜在风险却值得思考和警惕。暂且还是先祝愿村庄、村民一切都安好吧。

　　回顾以往，缘于个人情感，我开始"碰"了生态脆弱区的生态与发展议题，八年多时间，在导师的指导下，我投入了大量的时间、精力和热情。现在来看，这个问题很重要、很有现实意义。在破解生态与发展难题的长久历史中，我历时性地书写了农牧交错生态脆弱区的乡村绿色发展之路。虽然是"典型案例"研究，但也预示着生态脆弱区的乡村，已经有了既能"变美"又能"变富"的美好发展前景。我想，不久的将来，我会慢慢抹掉内心深处那些不太好的记忆，给人们讲述更多有关我家乡的"绿色发展"故事。很庆幸，我选择了自己喜欢的研究主题，在整个过程中，我一直保持着浓厚的热情和强烈的情感。但能顺利走到今天，不断修改、完善、即将出版此书，完全仰仗着身边人对我的鼓励、支持和帮助。在此，我想用最直白的文字表达最衷心的感谢。

　　感谢我的导师陈阿江教授。2010 年的一节本科课程上，经授课老师介绍，我知道了陈老师的名字。在后续的学习中，我阅读了陈老师及其团队的一些作品，越来越对环境社会学感兴趣。2013 年经母校推免，我有幸成为陈老师的硕士研究生。自硕士入门以来，陈老师便给予我诸多指导和帮助，不仅让我明白了踏实做事的道理，也让我领略了认真严谨的学术态度。2015 年 9 月，在陈老师的鼓励和帮助下，我通过硕博连读的方式转升为博士研究生，至此，也开启了我的读博之旅。读博的过程是苦涩的，但能顺利毕业、即将出版此书，幸得陈老师的不断点拨。从选题到框架修改再到最后文字等细枝末节部分的打磨，陈老师都给予我很多切实的建议和真诚的帮助。学生感谢您，也祝福您。

感谢母校及工作单位的诸多老师。感谢河海大学施国庆教授、孙其昂教授、王毅杰教授、许佳君教授、黄健元教授、曹海林教授、沈毅教授、顾金土教授、陈涛教授，以及华东理工大学王芳教授、云南大学周琼教授等对本书提出的宝贵意见。感谢浙江师范大学法政学院吴卡院长在图书出版过程中给予的关心和帮助，感谢陈占江教授、许涛副教授、袁松副教授、尹木子副教授、李院林副教授、胡全柱副教授、辛允星博士、陈治国博士、王建博士等对本书提出的修改意见。

感谢"陈门"的兄弟姐妹们。一定是特别的缘分，让我们从"五湖四海"相聚在陈门这个"大家庭"。是你们，让我感受到了人间的无限温暖。耿言虎师兄多次通过电话、微信等跟我讨论书稿内容，并毫不保留地分享他的宝贵经验，更是在多个凌晨回复我细致的书稿修订版本。陈涛师兄、严小兵师兄、蒋培师兄、朱启彬师兄、王泗通师兄、舒林师兄、王昭师兄、谢丽丽师姐、邢一新师姐、林蓉师姐、李万伟师弟、李昌儒师弟、常巧素师妹等多次在研讨会上就研究问题、结构框架跟我进行讨论，提出了诸多完善意见。刘怡君师妹、王雪师妹、汪璇师妹、马超群师弟等在平时的生活中给予我很多帮助。

感谢诸多同学兼生活中的哥哥姐姐们。感谢东北农业大学郭珍教授、孙良顺副教授、广西医科大学吴上博士、南京林业大学王泗通博士、河海大学丁百仁博士将诸多宝贵的论文撰写经验分享给我，并不厌其烦地帮助我进步，以及在书稿修改过程中给予的诸多批评和鼓励。感谢郑晓茹、张燕、杨海雯、刘晶、王艳在平时生活中给予的关心和帮助。同学一场，你们留给我的更多是感动和不舍。来日方长，我们慢慢相处。

感谢愿意接待并陪伴我成长的调查点的人们。当初，我怀着忐忑的心情来到调查点，是你们的热情，让我不再恐惧，也是你们毫无顾忌地批评和指责，让我不断成长，更是你们愿意敞开心扉提供信息，让我顺利完成本书。感谢你们，河甸村的父老乡亲。感谢愿意帮助我寻找信息并在生活上给予我关心和帮助的陈伯伯、牛阿姨，多次提供有关村庄信息的邢书记、白会计、马主任，尽力回忆村庄相关历史的徐爷爷、马爷爷、刘奶奶、董阿姨，频繁带我上门访谈的哥哥姐姐们。感谢你们，尔乡镇的领导们。感谢镇党委书记隋书记、谢书记，水利、农业、林业等部门领导，感谢你们毫不保留地跟我分享地区历史文化、地理信息以及相关统计数据，并多次驱车带我在辽蒙边界线上"游览"，感受各种差异。感谢你们，彰武县的领导们。感谢林业局商主任、统计局徐主任、农业局李主任，感谢你们多次接受我的访谈，愿意专门抽出时间陪我整理相关数据资料，讲解相关信息。感谢你们，省市领导们。感谢辽宁省直机关纪工委张书记、固沙造林研究所孙所长，感谢你们愿意将长达几十年的统计数据以及相关历史资料分享并邮寄给我。感激之情，无以言表，感谢这场遇见。

感谢家人和挚友们。感谢家人的支持。我出生在一个普通家庭，自打有记忆起，生活就是"富足"的。爸爸妈妈姐姐们永远都把最好的一面给我，他们却默默忍受了很多苦累。正是家人无私的付出和爱，才让我没有任何后顾之忧，坚定地选择做自己喜欢的事情。在此，我要特别感谢妈妈多次陪我下村调查、讨论，讲述她们"六十年代"的人对农村的一些认识，女儿将这本不成熟作品献给您。感谢我的挚友们，他们分别是柳杨、夏玉荣、贾薇薇、常亚轻、任宇东，感谢你们成了我的底气，像家人一样真诚又永远不可动摇的存在。

本书的部分内容和观点已在《云南社会科学》《求索》《西北农林科技大学学报》《河海大学学报》等期刊上发表，特此感谢。

感谢浙江师范大学学术著作出版基金对本书的出版资助，感谢浙江师范大学法政学院社会学学科经费对本书的出版资助。

最后特别感谢中国社会科学出版社冯春凤编审，感谢您不厌其烦地帮助协调图书出版相关事宜，感谢您细致校对文稿，帮助我顺利出版本书。

　　每一段经历都是美好的，也是值得怀念的。感谢所有，感恩一切。

闫春华

于金华丽泽花园寓所

2021 年 11 月